박영훈 선생님의
생각하는
초등연산

◇ 당신은 언제나 옳습니다. 그대의 삶을 응원합니다. – 라의눈출판그룹

박영훈 선생님의
생각하는 초등연산 1권

초판 1쇄 | 2022년 4월 1일
개정판 1쇄 | 2023년 2월 21일

지은이 | 박영훈
펴낸이 | 설응도   편집주간 | 안은주
영업책임 | 민경업   디자인 | 박성진   삽화 | 조규상

펴낸곳 | 라의눈

출판등록 | 2014년 1월 13일(제2019-000228호)
주소 | 서울시 강남구 테헤란로78길 14-12(대치동) 동영빌딩 4층
전화 | 02-466-1283   팩스 | 02-466-1301

문의(e-mail)   편집 | editor@eyeofra.co.kr
              영업마케팅 | marketing@eyeofra.co.kr
              경영지원 | management@eyeofra.co.kr

ISBN 979-11-92151-46-5 64410
ISBN 979-11-92151-06-9 64410(세트)

박영훈 선생님의
생각하는 초등연산

★ 박영훈 지음 ★

1권

1학년 1학기

라의눈

박영훈 선생님의
생각하는
초등연산

머리말

<생각하는 연산>을 지도하는 선생님과 학부모님께

수학의 기초는 '계산'일까요, 아니면 '연산'일까요?
계산과 연산은 어떻게 다를까요?

54+39=93

이 덧셈의 답만 구하는 것은 계산입니다. 단순화된 계산절차를 기계적으로 따르면 쉽게 답을 얻습니다.

반면 '연산'은 93이라는 답이 나오는 과정에 주목합니다. 4와 9를 더한 13에서 1과 3을 왜 각각 구별해야 하는지, 왜 올려 쓰고 내려 써야 하는지 이해하는 것입니다. 절차를 무작정 따르지 않고, 그 절차를 스스로 생각하여 만드는 것이 바로 연산입니다.

$$\begin{array}{r} \boxed{1} \\ 5\;4 \\ +\;3\;9 \\ \hline 9\;3 \end{array}$$

덧셈의 원리를 이렇게 이해하면 뺄셈과 곱셈으로 그리고 나눗셈까지 차례로 확장할 수 있습니다. 수학 공부의 참모습은 이런 것입니다. 형성된 개념을 토대로 새로운 개념을 하나씩 쌓아가는 것이 수학의 본질이니까요. 당연히 생각할 시간이 필요하고, 그래서 '느린 수학'입니다. 그렇게 얻은 수학의 지식과 개념은 완벽하게 내면화되어 다음 단계로 이어지거나 쉽게 응용할 수 있습니다.

$$\begin{array}{r} \boxed{1} \\ 1\;3 \\ \times\;\;\;5 \\ \hline 6\;5 \end{array}$$

그러나 왜 그런지 모른 채 절차 외우기에만 열중했다면, 그 후에도 계속 외워야 하고 응용도 별개로 외워야 합니다. 그러다 지치거나 기억의 한계 때문에 잊어버릴 수밖에 없어 포기하는 상황에 놓이게 되겠죠.

아이가 연산문제에서 자꾸 실수를 하나요? 그래서 각 페이지마다 숫자만 빼곡히 이삼십 개의 계산 문제를 늘어놓은 문제지를 풀게 하고, 심지어 시계까지 동원해 아이들을 압박하는 것은 아닌가요? 그것은 교육(education)이 아닌 훈련(training)입니다. 빨리 정확하게 계산하는 것을 목표로 하는 숨 막히는 훈련의 결과는 다음과 같은 심각한 부작용을 가져옵니다.

첫째, 아이가 스스로 생각할 수 있는 능력을 포기하게 됩니다.

둘째, 의미도 모른 채 제시된 절차를 기계적으로 따르기만 하였기에 수학에서 가장 중요한 연결하는 사고를 할 수 없게 됩니다.

셋째, 결국 다른 사람에게 의존하는 수동적 존재로 전락합니다.

빨리 정확하게 계산하는 것보다 중요한 것은 왜 그런지 원리를 이해하는 것이고, 그것이 바로 연산입니다. 계산기는 있지만 연산기가 없는 이유를 이해하시겠죠. 계산은 기계가 할 수 있지만, 생각하고 이해해야 하는 연산은 사람만 할 수 있습니다. 그래서 연산은 수학입니다. 계산이 아닌 연산 학습은 왜 그런지에 대한 이해가 핵심이므로 굳이 외우지 않아도 헷갈리는 법이 없고 틀릴 수가 없습니다.

수학의 기초는 '계산'이 아니라 '연산'입니다

'연산'이라 쓰고 '계산'만 반복하는 지루하고 재미없는 훈련은 이제 멈추어야 합니다.

태어날 때부터 자적 호기심이 충만한 아이들은 당연히 생각하는 것을 즐거워합니다. 타고난 아이들의 생각이 계속 무럭무럭 자라날 수 있도록 『생각하는 초등연산』은 처음부터 끝까지 세심하게 설계되어 있습니다. 각각의 문제마다 아이가 '생각'할 수 있게끔 자극을 주기 위해 나름의 깊은 의도가 들어 있습니다. 아이 스스로 하나씩 원리를 깨우칠 수 있도록 문제의 구성이 정교하게 이루어졌다는 것입니다. 이를 위해서는 앞의 문제가 그 다음 문제의 단서가 되어야겠기에, 밑바탕에는 자연스럽게 인지학습심리학 이론으로 무장했습니다.

이렇게 구성된 『생각하는 초등연산』의 문제 하나를 풀이하는 것은 등산로에 놓여 있는 계단 하나를 오르는 것에 비유할 수 있습니다. 계단 하나를 오르면 스스로 다음 계단을 오를 수 있고, 그렇게 계단을 하나씩 올라설 때마다 새로운 것이 보이고 더 멀리 보이듯, 마침내는 꼭대기에 올라서면 거대한 연산의 맥락을 이해할 수 있게 됩니다. 높은 산의 정상에 올라 사칙연산의 개념을 한눈에 조망할 수 있게 되는 것이죠. 그렇게 아이 스스로 연산의 원리를 발견하고 규칙을 만들 수 있는 능력을 기르는 것이 『생각하는 초등연산』이 추구하는 교육입니다.

연산의 중요성은 아무리 강조해도 지나치지 않습니다. 연산은 이후에 펼쳐지는 수학의 맥락과 개념을 이해하는 기초이며 동시에 사고가 본질이자 핵심인 수학의 한 분야입니다. 이제 계산은 빠르고 정확해야 한다는 구시대적 고정관념에서 벗어나서, 아이가 혼자 생각하고 스스로 답을 찾아내도록 기다려 주세요. 처음엔 느린 듯하지만, 스스로 찾아낸 해답은 고등학교 수학 학습을 마무리할 때까지 흔들리지 않는 튼튼한 기반이 되어줄 겁니다. 그것이 느린 것처럼 보이지만 오히려 빠른 길임을 우리 어른들은 경험적으로 잘 알고 있습니다.

시험문제 풀이에서 빠른 계산이 필요하다는 주장은 수학에 대한 무지에서 비롯되었으니, 이에 현혹되는 선생님과 학생들이 더 이상 나오지 않았으면 하는 바람을 담아 『생각하는 초등연산』을 세상에 내놓았습니다. 인스턴트가 아닌 유기농 식품과 같다고나 할까요. 아무쪼록 산수가 아닌 수학을 배우고자 하는 아이들에게 『생각하는 초등연산』이 진정한 의미의 연산 학습 도우미가 되기를 바랍니다.

박영훈

박영훈 선생님의
생각하는 초등연산

이 책만의
특징과 구성

이 책만의
특징

01

'계산' 말고 '연산'!

수학을 잘하려면 '계산' 말고 '연산'을 잘해야 합니다. 많은 사람들이 오해하는 것처럼 빨리 정확히 계산하기 위해 연산을 배우는 것이 아닙니다. 연산은 수학의 구조와 원리를 이해하는 시작점입니다. 연산 학습에도 이해력, 문제해결능력, 추론능력이 핵심요소입니다. 계산을 빨리 정확하게 하기 위한 기능의 습득은 수학이 아니고, 연산 그 자체가 수학입니다. 그래서 『생각하는 초등연산』은 '계산'이 아니라 '연산'을 가르칩니다.

이 책만의
특징

02

스스로 원리를 발견하고, 개념을 확장하는 연산

다른 계산학습서와 다르지 않게 보인다고요? 제시된 절차를 외워 생각하지 않고 기계적으로 반복하여 빠른 답을 구하도록 강요하는 계산학습서와는 비교할 수 없습니다.

이 책으로 공부할 땐 절대로 문제 순서를 바꾸면 안 됩니다. 생각의 흐름에는 순서가 있고, 이 책의 문제 배열은 그 흐름에 맞추었기 때문이죠. 문제마다 깊은 의도가 숨어 있고, 앞의 문제는 다음 문제의 단서이기도 합니다. 순서대로 문제풀이를 하다보면 스스로 원리를 깨우쳐 자연스럽게 이해하고 개념을 확장할 수 있습니다. 인지학습심리학은 그래서 필요합니다. 1번부터 차례로 차근차근 풀게 해주세요.

게임처럼 재미있는 연산

게임도 결국 문제를 해결하는 것입니다. 시간 가는 줄 모르고 게임에 몰두하는 것은 재미있기 때문이죠. 왜 재미있을까요? 화면에 펼쳐진 게임 장면을 자신이 스스로 해결할 수 있다고 여겨 도전하고 성취감을 맛보기 때문입니다. 타고난 지적 호기심을 충족시킬 만큼 생각하게 만드는 것이죠. 그렇게 아이는 원래 생각할 수 있고 능동적으로 문제 해결을 좋아하는 지적인 존재입니다.

아이들이 연산공부를 하기 싫어하나요? 그것은 아이들 잘못이 아닙니다. 빠른 속도로 정확한 답을 위해 기계적인 반복을 강요하는 계산연습이 지루하고 재미없는 것은 당연합니다. 인지심리학을 토대로 구성한 『생각하는 초등연산』의 문제들은 게임과 같습니다. 한 문제 안에서도 조금씩 다른 변화를 넣어 호기심을 자극하고 생각하도록 하였습니다. 게임처럼 스스로 발견하는 재미를 만끽할 수 있는 연산 교육 프로그램입니다.

교사와 학부모를 위한 '교사용 해설'

이 문제를 통해 무엇을 가르치려 할까요? 문제와 문제 사이에는 어떤 연관이 있을까요? 아이는 이 문제를 해결하며 어떤 생각을 할까요? 교사와 학부모는 이 문제에서 어떤 것을 강조하고 아이의 어떤 반응을 기대할까요?

이 모든 질문에 대한 전문가의 답이 각 챕터별로 '교사용 해설'에 들어 있습니다. 또한 각 문제의 하단에 문제의 출제 의도와 교수법을 담았습니다. 수학전공자가 아닌 학부모 혹은 교사가 전문가처럼 아이를 지도할 수 있는 친절하고도 흥미진진한 안내서 역할을 해줄 것입니다.

선생님을 가르치는 선생님, 박영훈!

이 책을 집필한 박영훈 선생님은 2만 명의 초등교사를 가르친 '선생님의 선생님'입니다. 180만 부라는 경이로운 판매를 기록한 베스트셀러 『기적의 유아수학』의 저자이기도 합니다. 이 책은, 잘못된 연산 공부가 수학을 재미없는 학문으로 인식하게 하고 마침내 수포자를 만드는 현실에서, 연산의 참모습을 보여주고 진정한 의미의 연산학습 도우미가 되기를 바라는 마음으로, 12년간 현장의 선생님들과 함께 양팔을 걷어붙이고 심혈을 기울여 집필한 책입니다.

박영훈 선생님의
생각하는 초등연산

차 례

1
9까지의 수 감각

박영훈 선생님의
생각하는 초등연산

박영훈의 생각하는 연산이란?

✕ 계산 문제집과 『박영훈의 생각하는 연산』의 차이

	기존 계산 문제집	박영훈의 생각하는 연산
수학 vs. 산수	수학이 없다. 계산 기능만 있다.	연산도 수학이다. 생각해야 한다.
교육 vs. 훈련	교육이 없다. 훈련만 있다.	연산은 훈련이 아닌 교육이다.
교육원리 vs, 맹목적 반복	교육원리가 없다. 기계적인 반복 연습만 있다.	교육적 원리에 따라 사고를 자극하는 활동이 제시되어 있다.
사람 vs. 기계	사람이 없다. 싸구려 계산기로 만든다.	우리 아이는 생각할 수 있는 지적인 존재다.
한국인 필자 vs. 일본 계산문제집 모방	필자가 없다. 옛날 일본에서 수입된 학습지 형태 그대로이다.	수학교육 전문가와 초등교사들의 연구모임에서 집필했다.

➕ 계산문제집의 역사 ➗

초등학교에서 계산이 중시되었던 유래는 백여 년 전 일제 강점기로 거슬러 올라갑니다. 당시 일제의 교육목표는, 국민학교(당시 초등학교)를 졸업하자마자 상점이나 공장에서 취업할 수 있도록 간단한 계산능력을 기르는 것이었습니다.

이후 보통교육이 중등학교까지 확대되지만, 경쟁률이 높아지면서 시험을 위한 계산 기능이 강조될 수밖에 없었습니다. 이에 발맞추어 구몬과 같은 일본의 계산 문제집들이 수입되었고, 우리 아이들은 무한히 반복되는 기계적인 계산 훈련을 지금까지 강요당하게 된 것입니다. 빠르고 정확한 '계산'과 '수학'이 무관함에도 어른들의 무지로 인해 21세기인 지금도 계속되는 안타까운 현실이 아닐 수 없습니다.

이제는 이런 악습에서 벗어나 OECD 회원국의 자녀로 태어난 우리 아이들에게 계산 기능의 훈련이 아닌 수학으로서의 연산 교육을 제공해야 하지 않을까요?

박영훈 선생님의 생각하는 초등연산 개념 MAP

수 세기
- 5까지의 수 세기
- 9까지의 수 세기
- 10 이상의 수 세기

유치원

덧셈기호와 뺄셈기호의 도입
『생각하는 초등연산』 1권

수 세기에 의한 덧셈과 뺄셈
받아올림과 받아내림을 수 세기로 도입
『생각하는 초등연산』 2권

두 자리 수의 덧셈과 뺄셈 1
세로셈 도입
『생각하는 초등연산』 2권

두 자리 수의 덧셈과 뺄셈 2
받아올림과 받아내림을 세로셈으로 도입
『생각하는 초등연산』 3권

세 자리 수의 덧셈과 뺄셈 (덧셈과 뺄셈의 완성)
『생각하는 초등연산』 5권

두 자리수 곱셈의 완성
『생각하는 초등연산』 7권

두 자리수의 곱셈
분배법칙의 적용
『생각하는 초등연산』 6권

곱셈구구의 완성
동수누가에 의한 덧셈의 확장으로 곱셈 도입
『생각하는 초등연산』 4권

곱셈기호의 도입
동수누가에 의한 덧셈의 확장으로 곱셈 도입
『생각하는 초등연산』 4권

몫이 두 자리 수인 나눗셈
『생각하는 초등연산』 7권

나머지가 있는 나눗셈
『생각하는 초등연산』 6권

나눗셈기호의 도입
곱셈구구에서 곱셈의 역에 의한 나눗셈 도입
『생각하는 초등연산』 6권

곱셈과 나눗셈의 완성
『생각하는 초등연산』 8권

사칙연산의 완성
혼합계산
『생각하는 초등연산』 8권

1 9까지의 수 감각

문제 1 | 물건 개수만큼 그려진 빗금에 ○를 표시하시오.

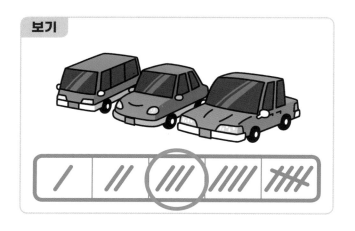

(1)

(2)

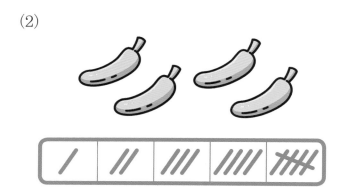

(3)

(4)

(5)

 선생님만 보세요   **문제 1** 일대일대응을 복습한다. 빗금은 인류 최초의 숫자 표기다. 그림에 제시된 물건 개수와 빗금 개수를 짝짓는 일대일대응을 연습하며 수 개념 형성의 초기 단계를 점검한다.

문제 2 | 같은 개수끼리 선으로 연결하시오.

(1)

(2)

(3)

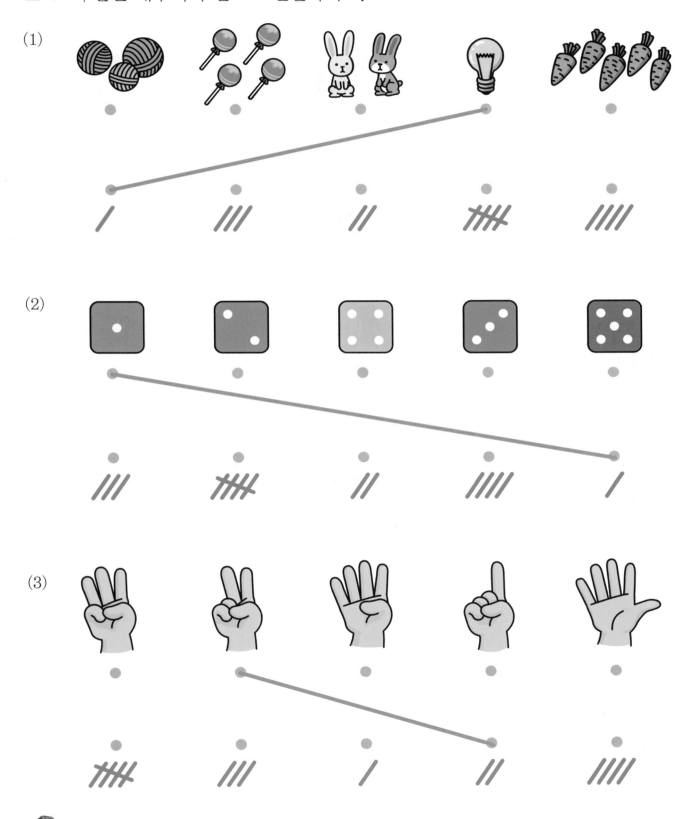

문제 2 사물과 주사위, 손가락의 개수를 한눈에 파악하여 같은 개수의 빗금과 연결하는 활동이다. 사물의 개수→주사위 눈의 수→손가락 개수로 대상이 바뀌어도 각각의 개수를 한눈에 파악하는 것(직관적 수 세기–뒷부분 교사용해설 참조)이 중요하다. 특히 기하학적 형태를 갖춘 주사위 눈의 배열을 익히기를 권한다. 〈9까지의 수 가르기(2)〉의 문제에서 주사위 눈을 직접 그리는 문제와 연결된다.

문제 3 | 같은 개수끼리 선으로 연결하시오.

(1)

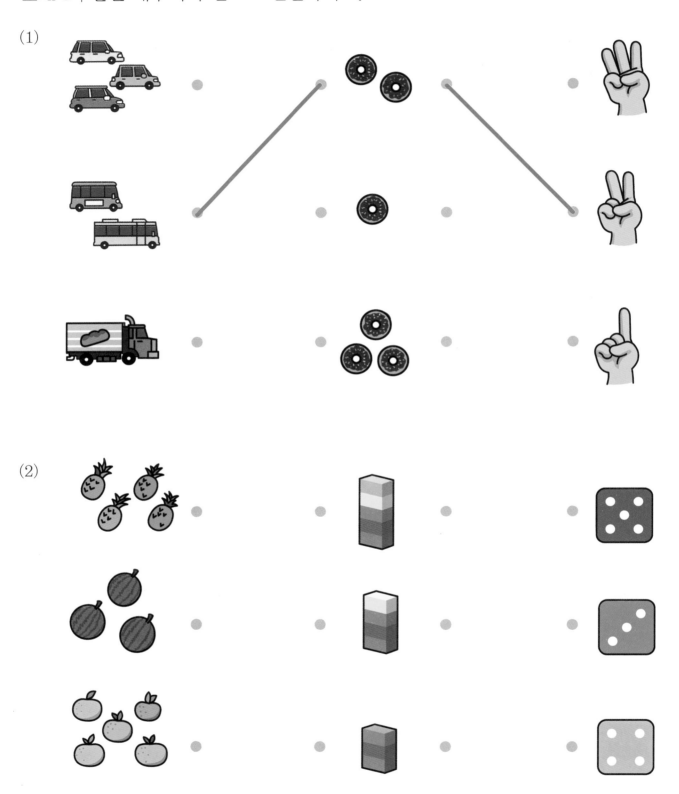

(2)

 선생님만 보세요

문제 3 세 개 이상의 소재를 대상으로 같은 개수끼리 연결한다. 이때 첫 줄을 각각 연결한 후 다음 줄을 연결할 수도 있지만 3-3-3, 2-2-2처럼 같은 개수를 이어서 연결하도록 유도하면 더욱 좋다. 역시 한눈에 개수를 파악하는 직관적 수 세기를 익히는 것에 초점을 둔다.

(3)

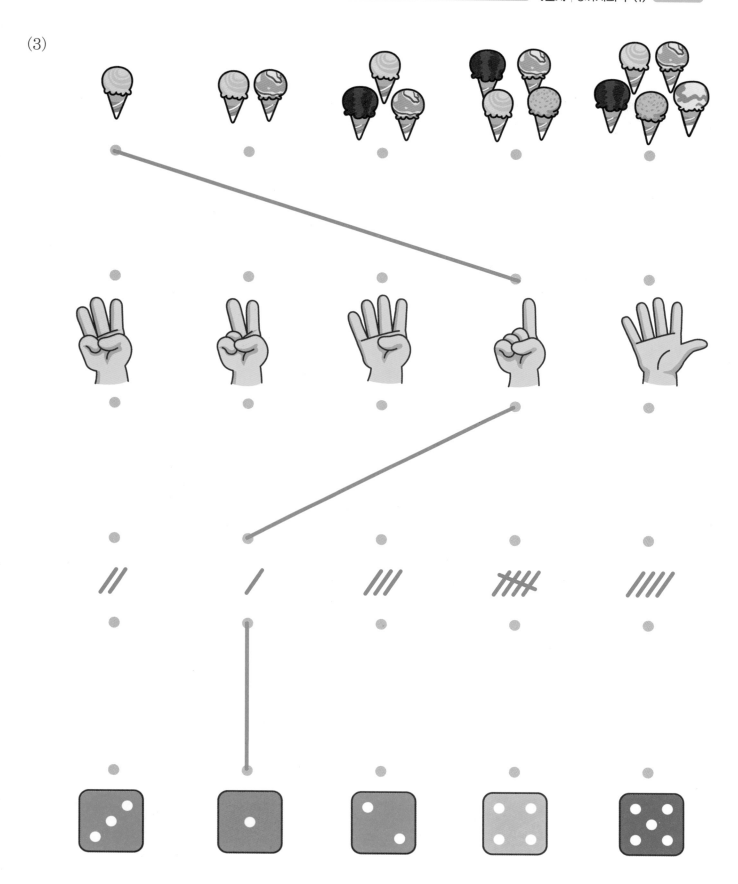

문제 4 | 개수만큼 빗금을 그으시오.

보기

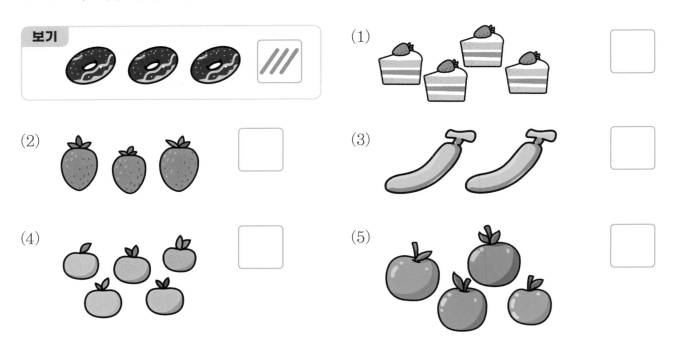

문제 5 | 숫자의 개수만큼 ○를 그려보세요.

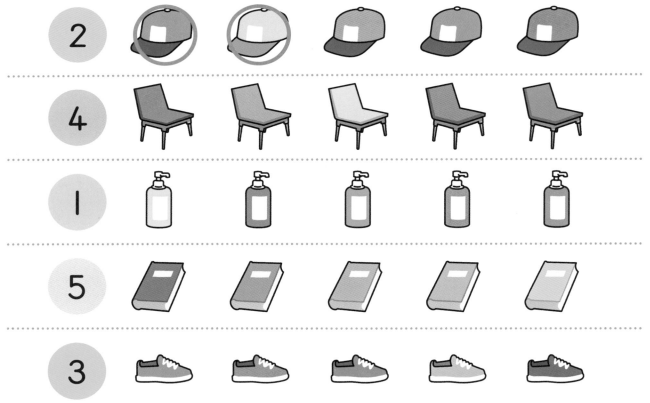

 **선생님만 보세요** **문제 4** 눈으로만 확인했던 빗금을 직접 표기한다. 빗금 표기를 어려워할 수도 있지만, 빗금을 직접 그리면서 다섯 개 묶음 개념을 저절로 익히는 효과가 있다. 개수에 맞춰 하나씩 그리다가 5개에서 묶는 것을 강조한다. **주의** 빗금 표기는 일대일대응 개념을 익히는 좋은 도구다. 5개 묶음은 이후의 전략적 수 세기로 연결되는 중요한 가교 역할을 담당한다.

문제 6 │ 개수를 세어 ☐ 안에 알맞은 수를 넣으시오.

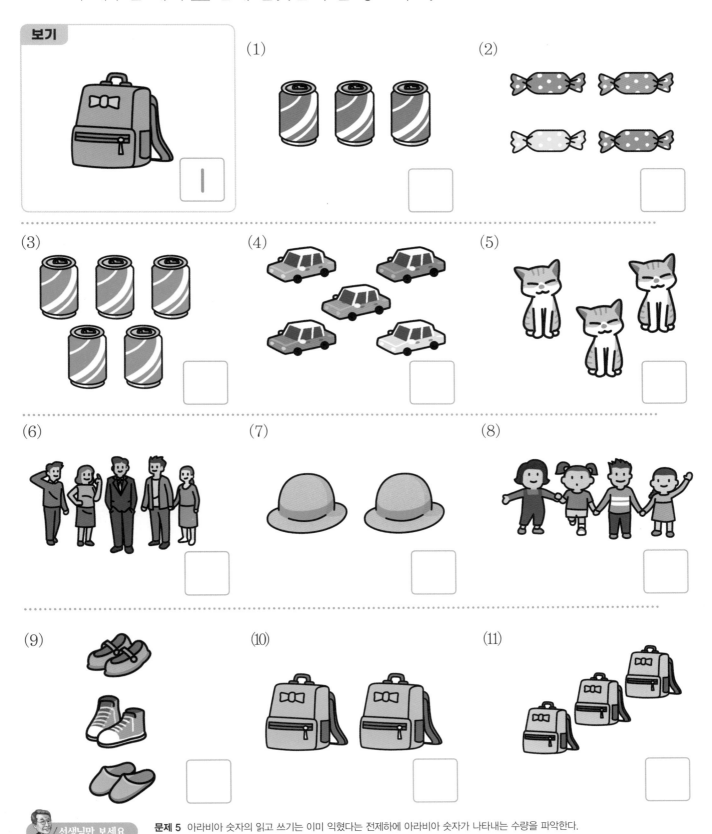

보기

(1)

(2)

(3)

(4)

(5)

(6)

(7)

(8)

(9)

(10)

(11)

교사용 해설

주의 첫 단원 〈9까지의 수 감각〉에서는 초등학교 입학 이전에 형성된 수 개념을 점검한다. 특히 수 세기에 중점을 두어야 하는데, 전체 개수를 일일이 세지 않고 한눈에 파악할 수 있는 직관적 수 세기가 가능한지를 세심하게 관찰할 필요가 있다. 직관적 수 세기 능력이 덧셈과 뺄셈 학습을 수월하게 할 수 있는 토대이기 때문이다.

'숫자 읽고 쓰기'를 벗어나 '수 감각'으로!

〈9까지의 수 감각〉에서는 초등학교 입학 이전에 형성된 수 개념을 점검한다. 이는 1학년 교과서의 첫 단원 〈9까지의 수〉의 내용이 지난 70여 년 동안 변함없이 한 자리 수의 숫자 쓰기와 읽기에 중점을 두었던 것과는 분명히 다르다. 전통적으로 고착되다시피 한 교과서의 내용은 그동안 유치원 교육이 제대로 활성화되지 못했다는 점과 아울러 일상적 삶에서의 아라비아 숫자 사용이 1970년대 들어서야 비로소 보편화*된 사실에 비추어볼 때 당연하다 할 수 있다.

그러나 21세기를 살아가는 우리 아이들은 이전 세대와는 전혀 다른 상황에서 학교 교육을 시작한다는

사실을 간과해서는 안 된다. 오늘날의 아이들은 유치원이나 어린이집과 같은 교육기관에서 이미 수학을 접할 뿐 아니라 휴대전화 번호나 아파트 동호수, 수십 개의 TV 채널 등을 통해 언제 어디서나 숫자를 만날 수 있는 환경에 놓여 있다.

달라진 학습자의 상황과 수준을 감안하면, 〈9까지의 수〉 단원의 핵심 내용이 숫자 읽기와 쓰기라고 고집하는 것은 시대에 뒤떨어진 발상이다. 그렇다고 숫자 읽기와 쓰기를 가르치지 말자는 것이 아니다. 다만 이제는 겉으로 드러나는 단순 기능에서 벗어나 아이들의 내면에 형성되어야 하는 '수 감각'으로 초점을 전환하자는 것이다. 차츰 드러나겠지만 '수 감각'은 곧이어 배울, 아이들이 생애 최초로 만나는 수학식인 덧셈식과 뺄셈식과도 밀접한 관련이 있다.

'수 감각'이란 무엇인가?

'수 감각'이 무엇인지 다음 예를 통해 설명한다.

문제 1 동그라미의 개수는?

(1) ●●●●●●●●
( )개

(2) ●●●
( )개

---

* 우리나라 아라비아 숫자 도입에 대한 자세한 설명은 『허 찌르는 수학 이야기』 26쪽에서 찾을 수 있다.

정답은 각각 8개와 3개다. 하지만 문제의 의도는 동그라미의 개수가 아니라, 각각의 개수를 어떻게 알았는지에 대한 사고 과정을 되돌아보는 것이다.

문제 (2)의 동그라미 3개는 '하나, 둘, 셋'과 같이 일일이 세어서 파악하지 않는다. 굳이 세어볼 필요도 없다. 그냥 '한눈에' 들어오는, 즉 '직관적 수 세기'에 의해 개수를 파악할 수 있기 때문이다. 하지만 문제 (1)의 동그라미 8개는 '직관적 수 세기'에 의해 전체 개수를 단번에 파악할 수 없다. 8개가 한눈에 들어오지 않기 때문이다. 그래서 대부분 다음과 같은 방법 가운데 하나를 선택하여 개수를 파악했을 것으로 짐작된다.

(1)
2개씩 묶어세기

(2)
4개씩 묶어세기

(3)
5개를 묶어 먼저 세고 나서 3개를 이어서 세기

'둘, 넷, 여섯, 여덟, 그러니까 여덟!' 또는 '넷, 여덟'과 같이 둘 또는 네 개씩 묶어 세거나 '다섯과 셋, 그래서 모두 여덟!'이라고 답한다. 처음에는 '하나, 둘, 셋, … 일곱, 여덟'과 같이 전체 개수를 일일이 헤아리다가 어느 단계에 이르면 '묶어 세기'를 실행한다. '직관적 수 세기'에 의해 형성된 '수 감각'을 토대로 몇 개씩 묶을 것인가라는 '전략'을 선택하는 '전략적 수 세기'로 이어지는 것이다.

5까지의 '직관적 수 세기'에서 그 이상의 '전략적 수 세기'로

전략적 수 세기가 직관적 수 세기를 토대로 이루어지기 때문에 서로의 관계는 매우 밀접하다. 사람에 따라 다를 수 있지만 대부분 직관적 수 세기 능력은 5를 넘지 않는다. 세어보지 않고 한눈에 직관적으로 파악할 수 있는 개수의 단위가 그렇다는 것이다.**

묶어 세기에 의존하는 전략적 수 세기는 직관적 수 세기를 토대로 이루어진다. 앞의 예에서 보듯이 5를 넘는 8의 개수를 헤아리기 위해 무의식적으로 묶어 세기를 실행하는데, 이때 묶음의 단위가 5 이하의 수라는 사실에 주목할 필요가 있다. 지금까지의 설명을 토대로 〈9까지의 수〉에서 초점을 두어 가르쳐야 할 내용을 정리하면 다음과 같다.

** 인간과 동물의 수 세기 능력에 관한 비교는 『허 찌르는 수학 이야기』 60쪽에 자세히 설명되어 있다.

① 5 이하의 개수는 한눈에 파악하는 직관적 수 세기
② 5를 넘는 개수는 묶어 세기에 의한 전략적 수 세기
③ 전략적 수세기에 필요한 능숙한 묶어 세기

　이어지는 〈가르기와 모으기〉도 결국 '묶어 세기'가 기본이며, 이는 다음 단원인 〈덧셈식과 뺄셈식〉으로 계속 이어진다. 그러므로 초등학교 아이의 첫 수학은 숫자 읽고 쓰기가 아니라 '수 감각'을 토대로 이루어지는 '전략적 수 세기'에 초점을 두어야 한다. 수 세기 활동은 이어지는 연산의 기초라는 것이다.

2일차 **5까지의 수 (2)** 수 세기 단어

✏️ 공부한 날짜   월   일

문제 1 | 물건의 개수를 세어 □ 안에 알맞은 수를 넣으시오.

(1) [ ]

(2) [ ]

(3) [ ]

(4) [ ]

(5) [ ]

(6) 다람쥐 [ ]   (7) 토끼 [ ]

(8) 양 [ ]   (9) 강아지 [ ]

(10) 고양이 [ ]

 **선생님만 보세요**   **문제 1** 불규칙하게 흩어져 있는 여러 종류의 대상들을 종류별로 분류하며 각각의 개수를 숫자로 표기한다. 집중력이 필요하다.

문제 2 | 보기와 같이 ☐ 안에 알맞은 수와 글을 써넣으시오.

보기

진아네 집은
☐ 3
☐ 삼
층입니다.

(1)

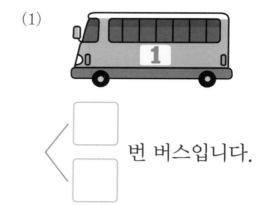

☐
☐
번 버스입니다.

(2)

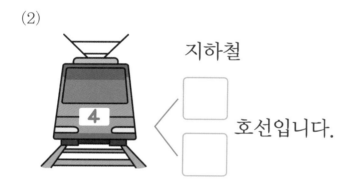

지하철
☐
☐
호선입니다.

(3)

☐
☐
월의

달력입니다.

(4)

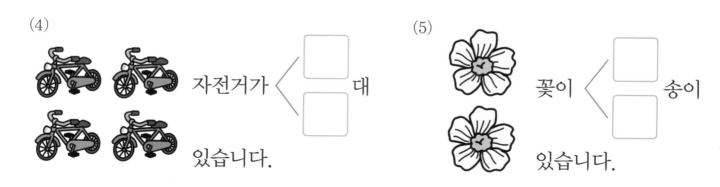

자전거가
☐
☐
대

있습니다.

(5)

꽃이
☐
☐
송이

있습니다.

문제 2 우리말 수 세기 단어와 한자어 수 세기 단어를 상황에 따라 적절하게 구별하여 사용하는 활동이다. 어른들에게는 쉽고 간단하지만, 수를 처음 배우는 아이들에게는 이를 구별하는 것이 쉽지 않음을 이해하자. 일상생활에서 아이들과 대화하며 수 세기 단어를 반복하는 것을 권장한다.

문제 3 | 표시된 숫자만큼 바구니에 ○를 그려 넣으시오.

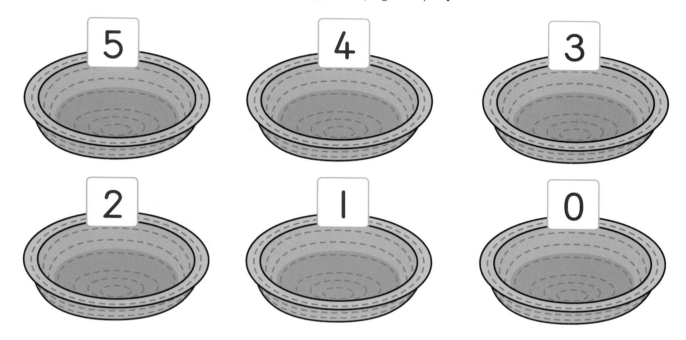

문제 4 | 빈 칸에 알맞은 수를 넣으세요.

 **선생님만 보세요**

문제 3 5-4-3-2-1, 사과 개수가 하나씩 줄어드는 과정에서 '아무것도 없음'을 뜻하는 숫자 0이 '1보다 작다'는 것을 확인한다.

문제 4 수직선을 도입하기 전에 수 배열표를 먼저 도입한다. 열차와 같이 친근한 소재로 수 배열표를 작성하며 순서수의 개념을 자연스럽게 이해한다. 숫자 0도 빠뜨리지 않도록 주의한다.

문제 5 | 보기와 같이 □ 안에 알맞은 수와 글을 써넣으시오.

보기

$\left\langle \begin{array}{c} | \\ 일 \end{array} \right.$ 번 우리에 오리가 $\left\langle \begin{array}{c} 3 \\ 세 \end{array} \right.$ 마리 있어요.

(1) $\left\langle \begin{array}{c} \\ \end{array} \right.$ 번 우리에 곰이 $\left\langle \begin{array}{c} \\ \end{array} \right.$ 마리 있어요.

(2) $\left\langle \begin{array}{c} \\ \end{array} \right.$ 번 우리에 양이 $\left\langle \begin{array}{c} \\ \end{array} \right.$ 마리 있어요.

(3) $\left\langle \begin{array}{c} \\ \end{array} \right.$ 번 우리에 고양이가 $\left\langle \begin{array}{c} \\ \end{array} \right.$ 마리 있어요.

문제 5 우리말 수 세기 단어와 한자어 수세기 단어의 복습이다. 순서를 나타내는 '순서수'와, 개수를 나타내는 '기수' 개념도 함께 익힌다.

26

수 세기 단어의 이중구조

〈9까지의 수〉에서 교사들은 '수 감각을 토대로 하는 수 세기' 못지않게 숫자 읽기와 쓰기도 중요하다. 의외로 초등학교 1학년 아이들 중에서는 숫자 읽기에 어려움을 겪는 경우가 있는데, 그 이유를 다음 문장을 예로 들어 살펴보자.

> '2층에 있는 2개의 교실 가운데 1학년 2반이라고 표시되어 있는 우리 교실. 이번 달의 2번째 날인 2일에 대청소를 실시한다고 한다.'

읽는 대로 글로 적으면 다음과 같다.

> '2(이)층에 있는 2(두)개의 교실 가운데 1(일)학년 2(이)반이라고 표시되어 있는 우리 교실. 이번 달의 2(두)번째 날인 2(이)일에 대청소를 실시한다고 한다.'

똑같은 숫자 2인데, 경우에 따라 한자어 '이'(二) 또는 순우리말 '둘'이나 '두'로 각각의 상황과 맥락에 맞게 구사해야 의사소통이 원활하다.

예를 들어 10시 10분의 경우 시간은 '열'이라는 순우리말로, 분은 '십'이라는 한자어로 각각 다르게 읽어야 한다. 즉 '열 시 열 분' 또는 '십 시 십 분'이라고 하면 안 된다.

이는 어른들에게는 너무나 익숙해서 의식하지 않고도 자동으로 구사할 수 있지만, 수 단어를 처음 배우는 아이들에게는 결코 쉬운 일이 아니다. 한자어 권역에 속하는 우리나라 언어 체계로 인해 나타나는 '순우리말과 한자어의 이중구조' 때문에 우리 아이들은 다른 나라 아이들과 비교할 때 숫자 읽기에 어려움을 겪을 수밖에 없다. 따라서 수 세기와 함께 우리말 수 단어와 한자어 수 단어를 상황에 맞게 올바르게 구사하는 연습이 필요하지만 유감스럽게도 교과서를 비롯한 수학교재에서 이를 학습하도록 세심하게 배려한 흔적을 거의 찾을 수 없다.*

---

* 『허 찌르는 수학 이야기』 69–76쪽 '어른들이 모르는 숫자 읽기의 어려움' 참고

✏ 공부한 날짜   월   일

문제 1 | 보기와 같이 ☐ 안에 알맞은 수와 글을 써넣으시오.

보기

우리집은 ⟨ 5 / 오 ⟩ 층입니다.

(1)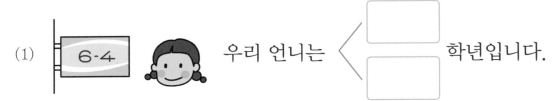

6-4   우리 언니는 ⟨ ☐ / ☐ ⟩ 학년입니다.

(2)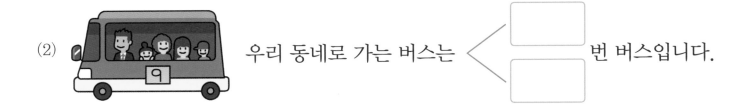

우리 동네로 가는 버스는 ⟨ ☐ / ☐ ⟩ 번 버스입니다.

(3)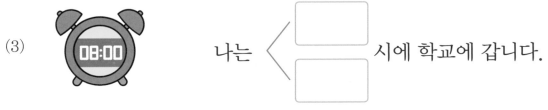

나는 ⟨ ☐ / ☐ ⟩ 시에 학교에 갑니다.

 선생님만 보세요   **문제 1** 5 이상의 숫자를 보고 우리말과 한자어 수 세기 단어 중 적절한 단어를 선택한다.

(4)

꽃이 ⟨ ☐ ☐ 송이 있습니다.

(5)

쥬스가 ⟨ ☐ ☐ 컵 있습니다.

문제 2 | 순서에 맞게 빈 칸에 알맞은 수를 넣으시오.

(1)

(2)

(3)

 **선생님만 보세요**　　**문제 2** 수직선과 비슷한 기차 모양의 수 배열표에서 수의 순서를 익힌다. 숫자 0도 빠뜨리지 않도록 주의한다.

문제 3 | 알맞는 위치에 선으로 연결하시오.

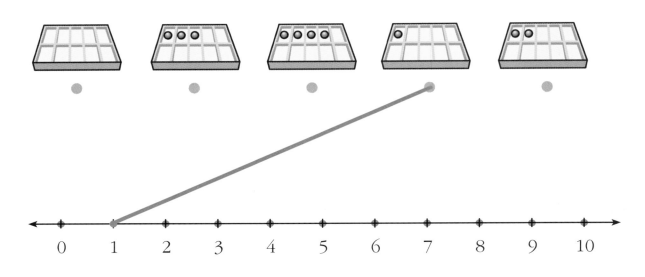

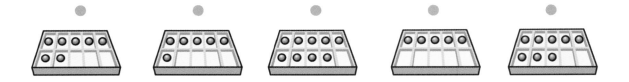

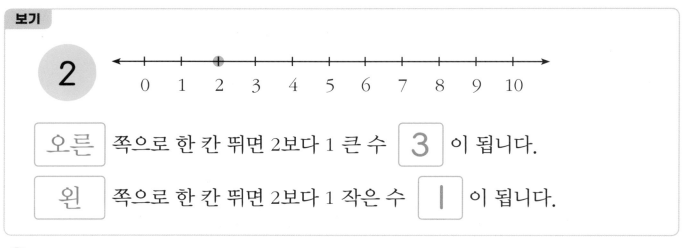

문제 4 | 보기와 같이 ☐ 안에 알맞은 수와 글을 써넣으시오.

오른 쪽으로 한 칸 뛰면 2보다 1 큰 수 3 이 됩니다.

왼 쪽으로 한 칸 뛰면 2보다 1 작은 수 l 이 됩니다.

 선생님만 보세요

문제 3 수 배열표에서 자연스럽게 수직선으로 넘어가는 단계다. 숫자가 제시된 수직선 위에서 스스로 수의 위치를 찾아가는 과정에서 수의 순서를 익힌다.

문제 4 수직선 모델에서 1 큰 수와 1 작은 수를 익힌다.

(1)
4

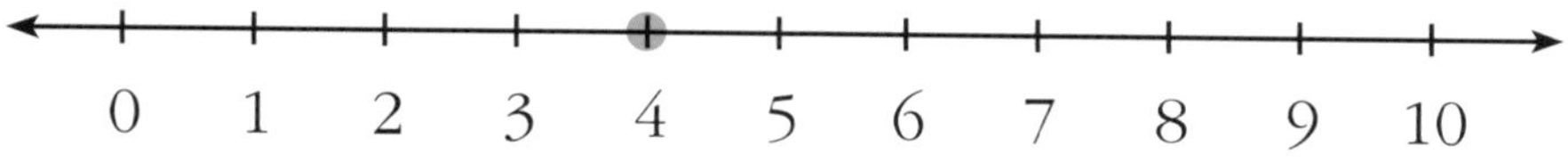

0 1 2 3 4 5 6 7 8 9 10

☐ 쪽으로 한 칸 뛰면 4보다 1 큰 수 ☐ 가 됩니다.

☐ 쪽으로 한 칸 뛰면 4보다 1 작은 수 ☐ 이 됩니다.

(2)
6

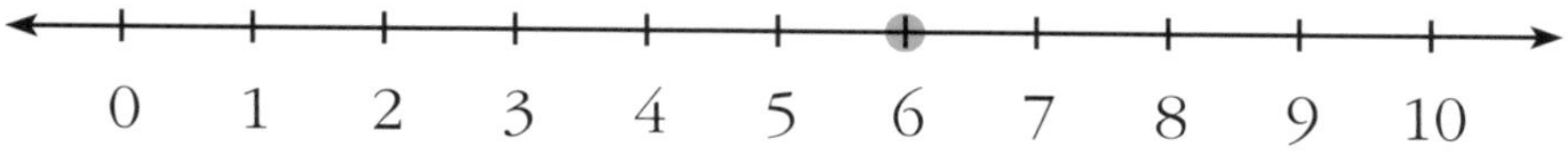

0 1 2 3 4 5 6 7 8 9 10

☐ 쪽으로 한 칸 뛰면 6보다 1 큰 수 ☐ 이 됩니다.

☐ 쪽으로 한 칸 뛰면 6보다 1 작은 수 ☐ 가 됩니다.

(3)
3

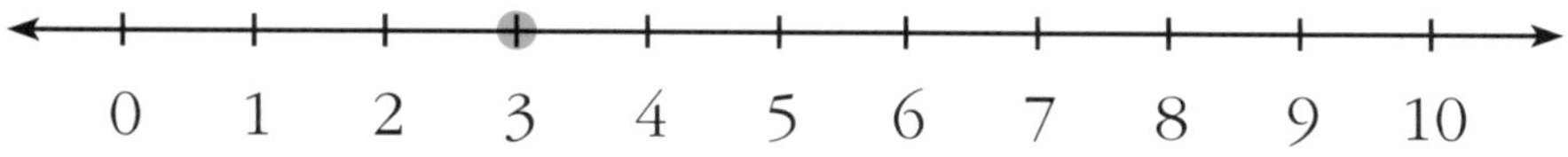

0 1 2 3 4 5 6 7 8 9 10

☐ 쪽으로 한 칸 뛰면 3보다 1 큰 수 ☐ 가 됩니다.

☐ 쪽으로 한 칸 뛰면 3보다 1 작은 수 ☐ 가 됩니다.

(4)

8

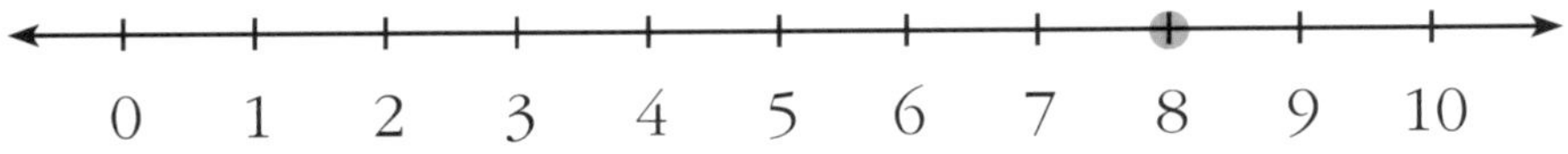

0 1 2 3 4 5 6 7 8 9 10

[ ] 쪽으로 한 칸 뛰면 8보다 1 큰 수 [ ] 가 됩니다.

[ ] 쪽으로 한 칸 뛰면 8보다 1 작은 수 [ ] 이 됩니다.

(5)

5

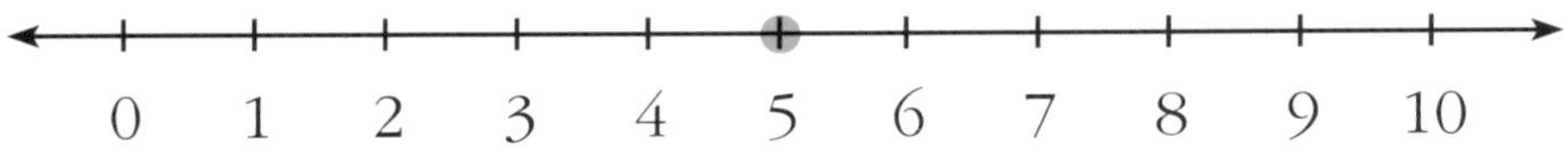

0 1 2 3 4 5 6 7 8 9 10

[ ] 쪽으로 한 칸 뛰면 5보다 1 큰 수 [ ] 이 됩니다.

[ ] 쪽으로 한 칸 뛰면 5보다 1 작은 수 [ ] 가 됩니다.

(6)

7

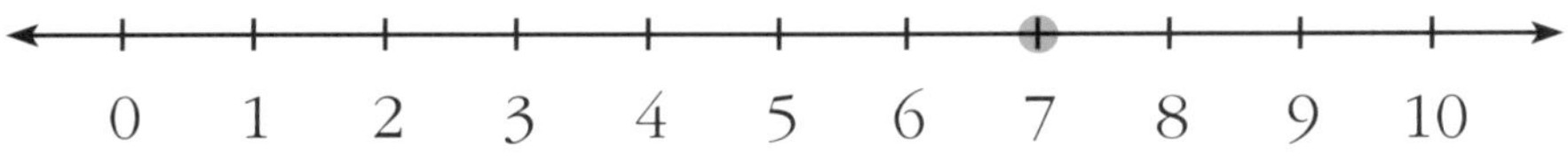

0 1 2 3 4 5 6 7 8 9 10

[ ] 쪽으로 한 칸 뛰면 7보다 1 큰 수 [ ] 이 됩니다.

[ ] 쪽으로 한 칸 뛰면 7보다 1 작은 수 [ ] 이 됩니다.

(7)

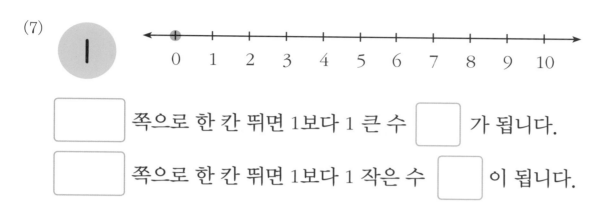

쪽으로 한 칸 뛰면 1보다 1 큰 수 [ ] 가 됩니다.

쪽으로 한 칸 뛰면 1보다 1 작은 수 [ ] 이 됩니다.

문제 5 | □ 안에 알맞은 수를 써넣으시오.

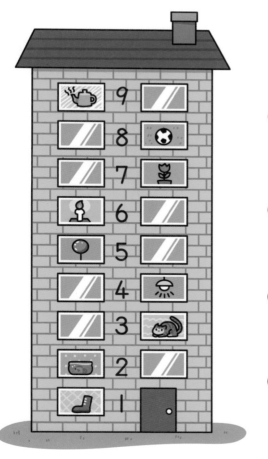

(1) 6층은 [ ] 층보다 1층 높습니다.

(2) 8층에서 1층 내려가면 [ ] 층입니다.

(3) 7층과 9층 사이에는 [ ] 층이 있습니다.

(4) 5층에서 2층 내려가면 [ ] 층입니다.

   **문제 5** 건물의 층 수는 수직선 모델과 유사하다. 수의 순서 파악에 이용한다.

문제 6 | 보기와 같이 ☐ 안에 알맞은 말을 써넣으시오.

보기

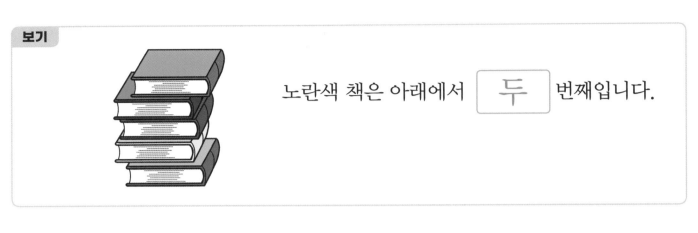

노란색 책은 아래에서 **두** 번째입니다.

(1)

빨간색 책은 위에서 ☐ 번째이고

아래에서 ☐ 번째 있습니다.

(2)

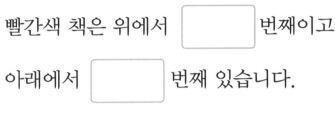

호랑이 책은 왼쪽에서 ☐ 번째이고

오른쪽에서 ☐ 번째 있습니다.

(3)

코끼리 책은 왼쪽에서 ☐ 번째이고

오른쪽에서 ☐ 번째 있습니다.

 선생님만 보세요

문제 6 같은 아라비아 숫자이지만 이 활동에서는 개수를 나타내는 기수가 아니라 순서를 나타내는 순서수다. 아이들이 어려워할 수 있는데, 이는 수 감각 때문이 아니라 위치에 대한 공간 감각 때문일 수 있다. 이때의 공간 감각은 오른쪽과 왼쪽 그리고 앞과 뒤라는 방향감각을 말한다.

문제 7 | 보기와 같이 ☐ 안에 친구들의 위치를 써넣으시오.

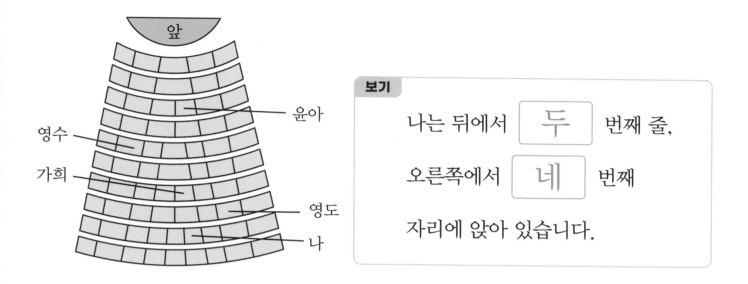

보기

나는 뒤에서 두 번째 줄,

오른쪽에서 네 번째

자리에 앉아 있습니다.

(1) 윤아는 앞에서 ☐ 번째 줄,

왼쪽에서 ☐ 번째 자리에 앉아 있습니다.

(2) 영수는 뒤에서 ☐ 번째 줄,

오른쪽에서 ☐ 번째 자리에 앉아 있습니다.

(3) 가희는 뒤에서 ☐ 번째 줄,

왼쪽에서 ☐ 번째 자리에 앉아 있습니다.

(4) 영도는 뒤에서 ☐ 번째 줄,

왼쪽에서 ☐ 번째 자리에 앉아 있습니다.

문제 7 같은 아라비아 숫자이지만 이 활동에 사용되는 숫자는 개수를 나타내는 기수가 아니라 순서를 나타내는 순서수다. 아이들이 어려워할 수 있는데, 이는 수 감각 때문이 아니라 위치에 대한 공간 감각 때문일 수 있다. 이때의 공간 감각은 오른쪽과 왼쪽 그리고 앞과 뒤라는 방향감각을 말한다.

수직선 모델의 위력

자연수는 유리수 또는 무리수에는 찾아볼 수 없는 자연수만의 고유한 특징이 있다. 바로 앞의 수와 바로 다음의 수가 무엇인지를 확인할 수 있다는 것이다. 이와 같은 자연수의 특징을 형상화한 모델이 수직선이다.

학교수학교육과정에서 수직선 모델은 소수가 등장하는 3학년에 잠깐 등장할 뿐, 이를 체계적으로 도입하지 않는다. 그러나 수직선은 처음 자연수를 배울 때, 특히 수 세기 학습을 위해서 매우 유용한 수학적 모델이다.* 〈9까지의 수〉 단원이 자연수 읽기와 쓰기라는 단순 기능을 넘어 '수 감각의 내면화'를 이루려면 수직선 도입이 필요하다. 즉, 자연수 고유의 특징을 체계적으로 확인하기 위해서도 수직선 모델의 도입은 필수적이라는 것이다.

단, 여기서 제시하는 수직선 모델은 단위 길이가 정확하게 분할된 '엄밀성'을 가진 생경한 수직선이 아니다. 일반적인 수직선 모델은 실수 전체를 나타내지만, 1학년 아이들에게는 자연수만 나열된 수직선 모델로 충분하다. 역 이름만 표시된 지하철 노선도와 유사한 수직선을 말한다. 지하철 노선도에서 중요한

것은 거리가 아니라 운행하는 역들의 순서이며, 이를 차례로 늘어놓은 것과 같이 자연수를 순서대로 나열하면 된다.

1학년에서 소개할 수직선들의 예를 들면 다음과 같다.

(예제) **빈칸에 알맞은 수를 써넣으세요.**

(1)

(2)

(3)

(4)

(예제 1) **빈칸에 알맞은 수를 써넣으세요.**

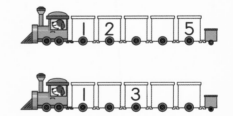

수직선 모델의 장점과 교육적 효과를 정리하여 소개하면 다음과 같다.

---

* 이는 이미 수직선을 유아의 수학 교육을 위한 핵심 모델로 사용하여 커다란 효과를 거두었던 『기적의 유아 수학』 시리즈에서도 확인한 바 있다.

첫째, 수의 배열을 시각적으로 확인할 수 있다. 구체물을 대상으로 한 추상화된 개념으로서의 수를 눈으로 확인함으로써 쉽게 받아들일 수 있고, 또한 이 추상적 개념의 이미지를 머릿속에 그릴 수 있다. 이는 이후에 전개되는 연산, 특히 덧셈과 뺄셈의 받아올림과 받아내림의 알고리즘을 형상화하는 데에도 커다란 도움이 된다.

둘째, 순서수로서의 특징을 자연스럽게 이해하고 습득할 수 있다. 수직선 모델의 이미지를 머릿속으로 그릴 수 있을 만큼 충분히 익숙해지면, '하나 더 많다'거나 '하나 더 적다' 또는 '1 크다'거나 '1 작다'와 같은 수의 계열성을 굳이 별도로 가르칠 필요가 없다.

셋째, 아이들의 상상력을 자극하여 수의 세계를 자연스럽게 확장시킬 수 있다. 왼쪽과 오른쪽 또는 위와 아래로 한없이 연장될 수 있음을 깨닫는다면, 음수의 존재에 대해서도 그리고 무한에 대해서도 어색하지 않게 연결 지을 수 있다.

수직선 모델은 이외에도 실생활에서 볼 수 있는 여러 측정 도구의 토대가 된다는 점에서 그 활용 가치가 무궁무진하다. 예를 들어 온도계의 눈금, 해발을 기준으로 산의 높이와 해저면의 깊이를 보여주는 눈금 등이 수직선 모델의 구체적인 사례다.

문제 1 | 같은 개수끼리 선으로 연결하시오.

보충문제는!

유사한 문제를 지나치게 많이 반복하는 것은 오히려 흥미를 떨어뜨리고 학습 효과를 저해하게 하는 역효과를 초래할 수 있습니다. 본문 문제를 충분히 이해했다면 보충문제까지 풀이할 필요는 없습니다. 필요한 경우에만 보충문제를 적절하게 활용하는 것을 권장합니다.

문제 2 | 빈칸에 알맞은 수를 넣으시오.

문제 3 | 빈칸에 알맞은 수를 넣으시오.

(1)

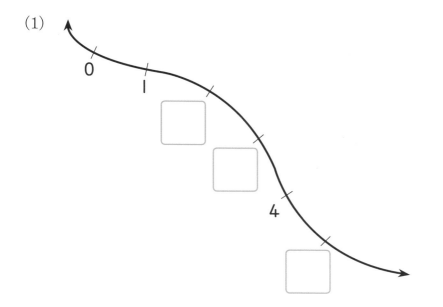

(2)

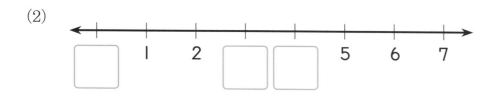

문제 4 │ ☐ 안에 알맞은 수를 넣으시오.

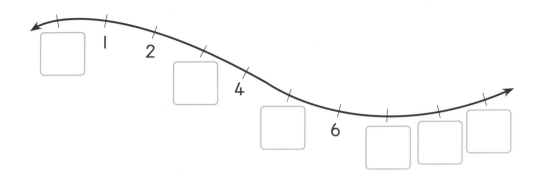

문제 5 │ 보기와 같이 ☐ 안에 알맞게 넣으시오.

(1) 수건이 ⟨ ☐ ☐ ⟩ 장 있습니다.

(2) 공이 ⟨ ☐ ☐ ⟩ 개 있습니다.

(3)

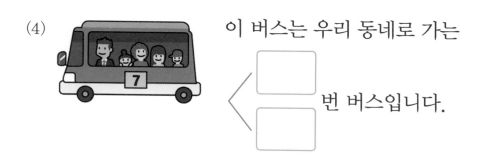

나는 ⟨ ☐ / ☐ ⟩ 시에 학교를 갑니다.

(4)

이 버스는 우리 동네로 가는

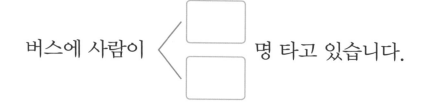

⟨ ☐ / ☐ ⟩ 번 버스입니다.

버스에 사람이 ⟨ ☐ / ☐ ⟩ 명 타고 있습니다.

문제 6 | 보기와 같이 빈칸에 알맞은 순서를 쓰시오.

(1)

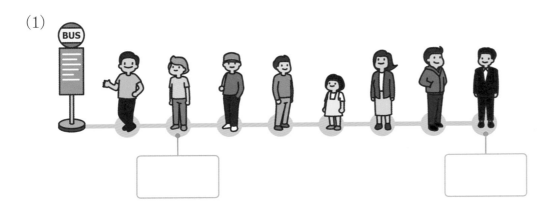

(2)

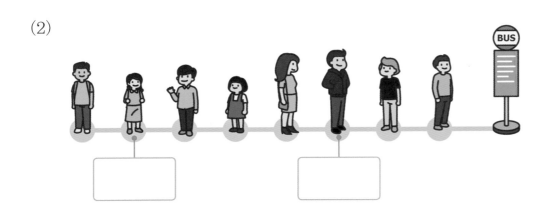

(3)

문제 7 | 그림을 보고, 보기와 같이 빈 곳에 알맞게 쓰시오.

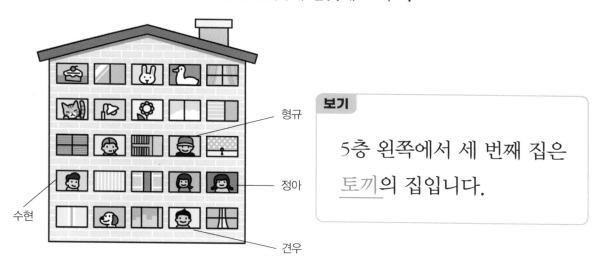

보기

5층 왼쪽에서 세 번째 집은 <u>토끼</u>의 집입니다.

(1) 4층 오른쪽에서 다섯 번째 집은 _____의 집입니다.

(2) 정아의 집은 수현이의 집으로부터 오른쪽으로

_____번째 집에 있습니다.

(3) 견우의 집은 형규 집으로부터 밑으로

_____번째 집에 있습니다.

2

9까지의 수,
모으기와
가르기

✏ 공부한 날짜　　월　　일

문제 1 | 보기와 같이 빈칸에 알맞은 수를 넣으시오.

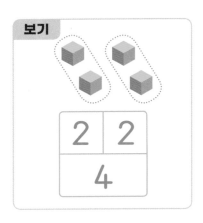

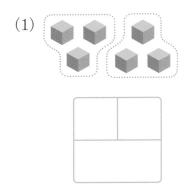

(1)

(2)

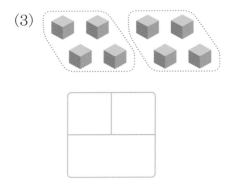

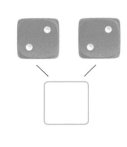

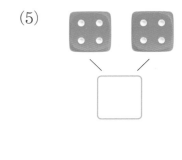

(3)

(4)

(5)

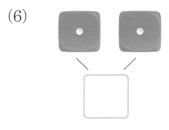

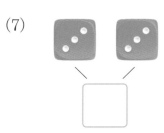

(6)

(7)

문제 1 2, 4, 6, 8을 각각 두 배수로 묶어 세는, 모으기 활동이다. 흔히 2, 4, 6 또는 4, 8, 12 등과 같이 물건을 셀 때 사용하는 두 배수 묶어 세기를 연습하며 짝수에 대한 수 감각을 익힌다. 아이들에게 친근한 큐브와 주사위 눈을 소재로 하였다.

주의 이 단계에서는 배수와 짝수라는 용어를 사용하거나 이를 강조해서는 안 된다.

문제 2 | 보기와 같이 빈칸에 알맞은 수를 넣으시오.

보기

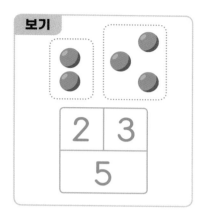

2	3
5	

(1)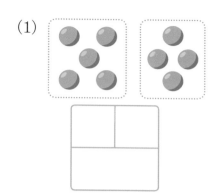

(2)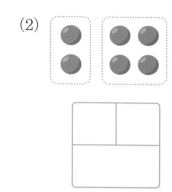

(3)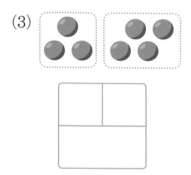

(4)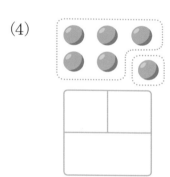

(5)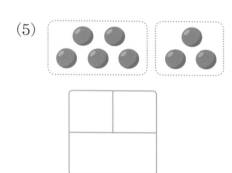

(6)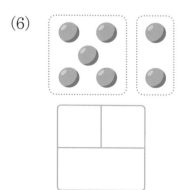

(7)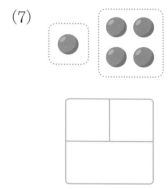

(8)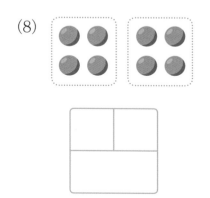

 **선생님만 보세요** **문제 2** 묶어 세기에 의한 모으기 활동이다. 묶음이 제시되어 있지만, 다음 단계에서는 묶음을 제시하지 않는다.

문제 3 | 보기와 같이 빈칸에 알맞은 수를 넣으시오.

보기

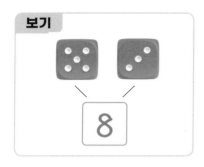

(1)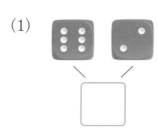

(2)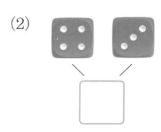

(3)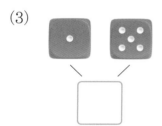

(4)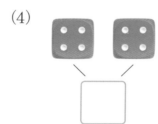

(5)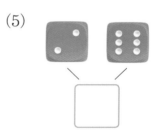

(6)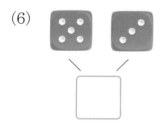

(7)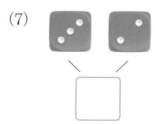

(8)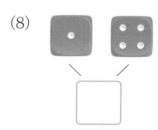

선생님만 보세요

문제 3 문제2와 같은 유형이지만, 문제의 소재가 '주사위의 눈'으로 바뀐다. 주사위를 소재로 한 이유는, 눈의 개수를 세어보는 활동과 함께 눈의 수에 따라 각각의 배열이 다른 기하학적 형태를 익힐 수 있기 때문이다. **주의** (3), (5), (8)에서와 같이 앞의 수(더해지는 수)가 뒤의 수(더하는 수)보다 작을 때 머뭇거릴 수도 있다. 이때 앞의 수와 뒤의 수를 바꿔 답한 후 다시 원래의 문제를 제시한다.

48

9까지의 수 모으기(2) 스스로 묶기

✏️ 공부한 날짜　　월　　일

문제 1 | 빈칸에 알맞은 수를 넣으시오.

(1)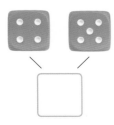

(2)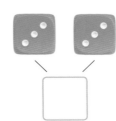

(3)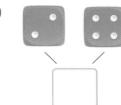

(4)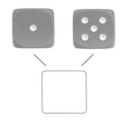

(5)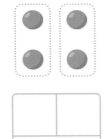

(6)

(7)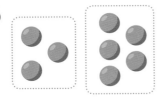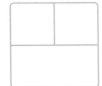

(8)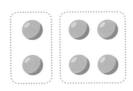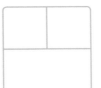

(9)

 **문제 1** 앞의 활동을 복습한다. 아이가 막힘없이 잘 푼다면 아낌없이 칭찬하라. 만약 머뭇거린다면 어느 지점에서 막히는지 살펴보자.
필요하다면 1일차로 되돌아가는 것을 망설이지 말자. 이때도 칭찬은 필요하다.

문제 2 | 보기와 같이 묶고 빈칸에 알맞은 수를 넣으시오.

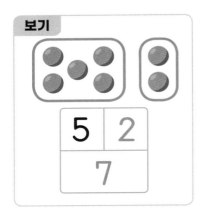

(1)

(2)

(3)

(4)

(5)

(6)

(7)

(8)

문제 2 묶어 세기에 의한 모으기 활동이다. 처음에 묶어야 하는 개수가 숫자로 제시되어 있다. 숫자를 보고 직접 묶어보며 이어 세기를 유도한다. 예로 들면 "5개를 묶어보자. 몇 개가 남았지? 2개. 그럼 5, 6, 7… 7개네." 이렇게 이어세기를 하는 과정에서 저절로 덧셈 개념을 체득할 수 있다.

문제 3 | 수구슬을 묶고 빈칸에 알맞은 수를 넣으시오.

(1)

(2)

(3)

(4)

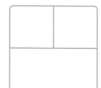

(5)

(6)

(7)

(8)

(9)

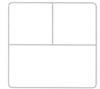

 **문제 3** 묶어 세기에 의한 모으기 활동이다. 이번에는 처음에 묶는 개수까지 스스로 결정해야 한다. 처음에 몇 개씩 묶을 것인지 각자 자신의 수 감각 능력에 따라 결정하는 것이 핵심이다. 이후 수 감각이 형성되면서 나머지 개수까지 고려하여 묶음의 개수를 조절할 수 있다. **주의** 그림에서 묶음 표시를 하지 않고 직접 숫자만 표기해도 무방하다. 답이 하나가 아니라 여럿 나올 수 있다.

9까지의 수 모으기(3) 수 구슬 모델

✏️ 공부한 날짜   월   일

문제 1 | 빈칸에 알맞은 수를 넣으시오.

(1)

5	

(2)

3	

(3)

4	

(4)

(5)

(6)

문제 2 | 보기와 같이 똑같은 수로 묶고 빈칸에 알맞은 수를 쓰세요.

보기
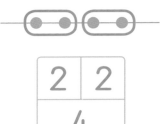

2	2
4	

(1)
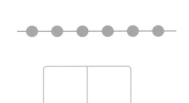

(2)

 선생님만 보세요

문제 1 앞 차시의 복습이다. (4), (5), (6)의 답은 여러 가지이다.

문제 2 두 배수 모으기 활동이다. '수직선 모델'을 도입하기 위한 전 단계로, 처음에 활용한 수구슬을 수직선처럼 일렬로 늘어놓은 '수 구슬 모델'을 이용한다. 이어지는 수직선 도입을 자연스럽게 받아들일 수 있는 장치다. 두 배수 모으기부터 시작한다.

문제 3 | 보기와 같이 수 구슬을 묶고 빈칸에 알맞은 수를 넣으시오.

보기

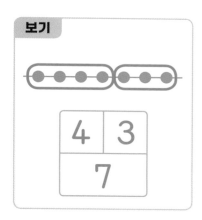

(1)

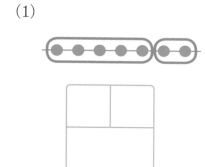

(2)

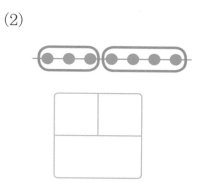

(3)

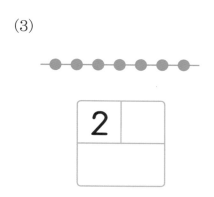

(4)

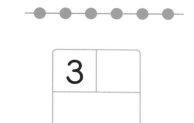

(5)

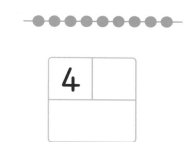

(6)

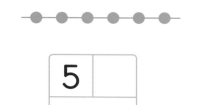

(7)

(8)

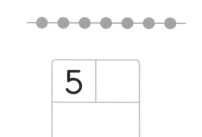

선생님만 보세요 **문제 3** 앞에서 두 배수 모으기 활동을 확대하여 숫자의 크기가 점점 더 커진다. 마지막 여섯 문제는 몇 개씩 묶을 것인가를 스스로 직접 결정해야 한다. 묶음 표시를 하지 않고 숫자만 표기해도 무방하다. (9)~(14)의 답은 여럿 나올 수 있다.

53

(9)

(10)

(11)

(12)

(13)

(14)

9까지의 수 모으기(4) 수직선 개념 도입

✏️ 공부한 날짜   월   일

문제 1 | 수 구슬을 묶고 빈칸에 알맞은 수를 넣으시오.

(1)

(2)

(3)

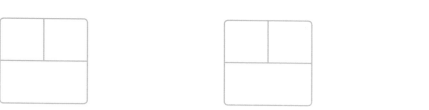
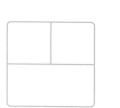

문제 2 | 보기와 같이 빈칸에 알맞은 수를 넣으시오.

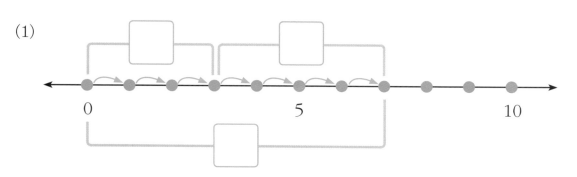

(1)

선생님만 보세요   **문제 1** 앞의 활동을 복습한다. 일렬로 배열된 수 구슬 모델을 다시 상기하여 다음의 수직선 모델로 이어진다.

(2)

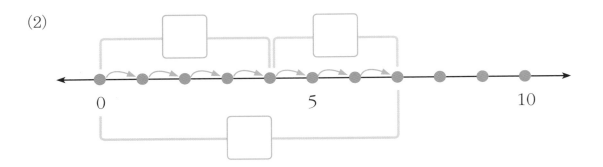

(3)

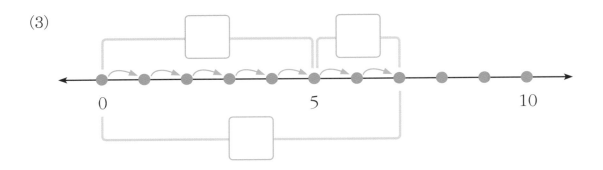

(4)

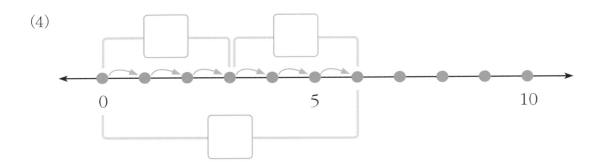

(5)

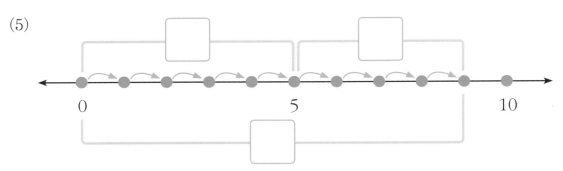

문제 2 수직선을 이용한 모으기 활동이다. 수직선에서 뛰어 세기를 하며 칸의 개수를 세어야 한다. 개수 세기를 하여 답을 구한 후에 수직선을 다시 확인하며 수직선 위에서 이루어지는 덧셈 과정을 눈으로 확인해볼 필요가 있다. 수직선은 이 책에서 앞으로 나눗셈까지 계속 등장하는 매우 중요한 모델이다. 분홍색 점이 아닌 화살표 개수를 세어야 하는 것을 알려줄 필요가 있다.

(6)

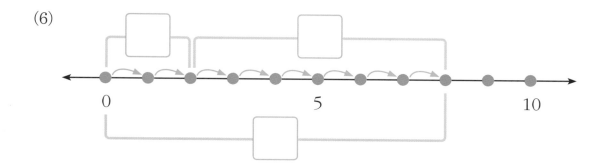

문제 3 | 보기와 같이 빈칸에 알맞은 수를 넣으시오.

보기

1	3
4	

(1)

4	4

(2)

2	5

(3)

6	3

(4)

1	7

(5)

2	3

(6)

4	2

(7)

5	4

 **선생님만 보세요**　**문제 3** 숫자만 제시된 모으기 활동이다. 앞의 〈문제2〉와 다르지 않다. 단지 그림을 보지 않고 오로지 숫자만 제시된 모으기 활동이다.

문제 4 | 보기와 같이 빈칸에 알맞은 수를 넣으시오.

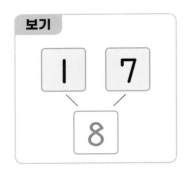

(1)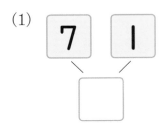

(2)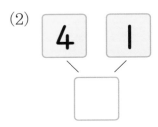

(3)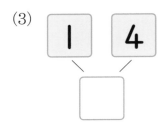

(4)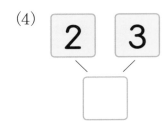

(5)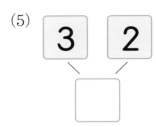

(6)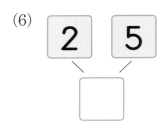

(7)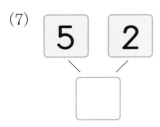

 **문제 2** 숫자만 제시된 모으기 활동의 연속이다. 이 문제의 포인트는 숫자의 배열을 바꿔도 같은 값이 나온다는 것을 파악하는 것이다. **주의** 덧셈의 교환법칙이지만 이 용어를 사용하지 않고 바꿔 더해도 값이 같다는 사실만 일깨워준다.

✏ 공부한 날짜   월   일

문제 1 | 빈칸에 알맞은 수를 넣으시오.

(1)

(2)

(3)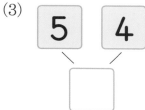

(4)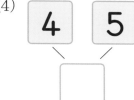

문제 2 | 보기와 같이 빈칸에 알맞은 수를 넣으시오.

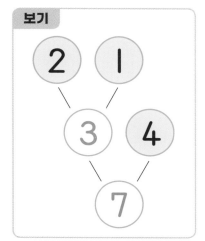

(1)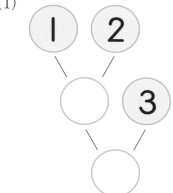

(2)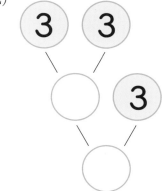

 선생님만 보세요   **문제 2** 두 수의 모으기를 두 번 거듭하는 모으기 활동이다. 이어지는 세 수 모으기를 위한 준비 활동이기도 하다. 보기를 통해, 두 수를 모은 결과에 다른 하나의 수를 모은다는 것을 먼저 파악해야 한다.

(3)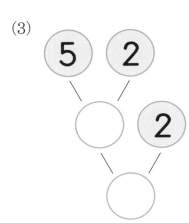

(4)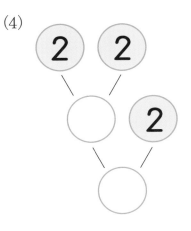

(5)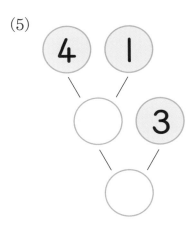

(6)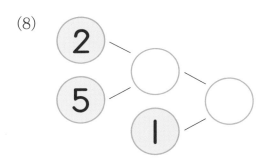

(7)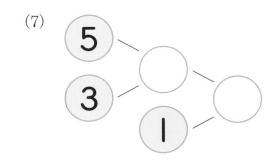

(8)

(9)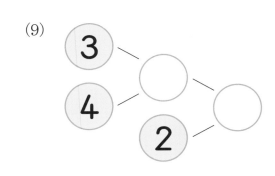

(10)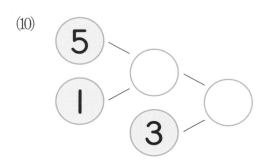

(11)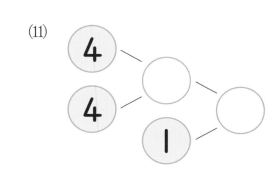

문제 3 | 보기와 같이 구슬을 묶고, 빈칸에 알맞은 수를 넣으시오.

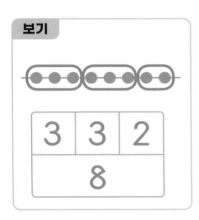

(1)

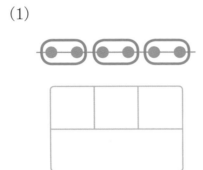

(2)

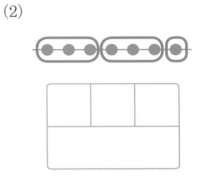

(3)

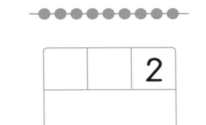

(4)

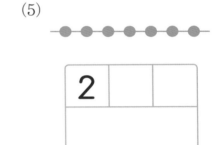

(5)

(6)

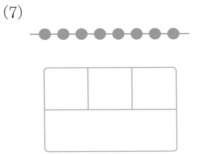

(7)

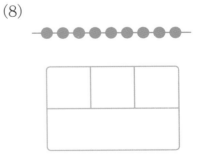

(8)

문제 3 수구슬 모델을 이용한 세 수 모으기 활동이다.

주의 아이가 세 수 모으기를 너무 어려워하면 7차시로 건너뛰어도 괜찮다. 너무 어려운 것에 집착하여 강요할 필요는 없다. 자칫 수학의 흥미를 떨어뜨릴 수 있기 때문이다. (3)~(8)의 답은 여럿 나올 수 있다.

✏ 공부한 날짜 　　월 　　일

문제 1 | 구슬을 묶고 빈칸에 알맞은 수를 넣으시오.

(1)

2		

(2)

(3)

l		

(4)

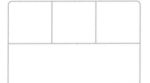

(5)

(6)

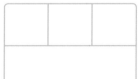

문제 1 이전 활동의 복습이다. 답이 여럿 나올 수 있다.

문제 2 | 빈칸에 알맞은 수를 넣으시오.

보기

1	2	3
6		

(1)

3	2	1

(2)

4	3	1

(3)

4	1	3

(4)

5	1	2

(5)

2	1	5

(6)

3	4	2

(7)

4	3	2

문제 2 숫자로만 제시된 세 수의 모으기 활동이다.

문제 3 | ☐ 안에 알맞은 수를 넣으시오.

(1)
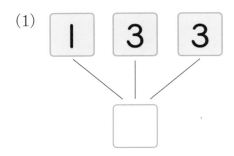

(2)
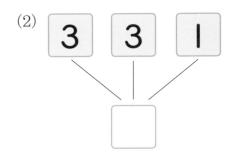

(3)
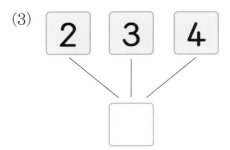

(4)
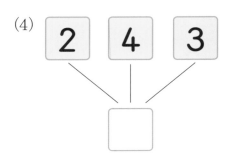

(5)
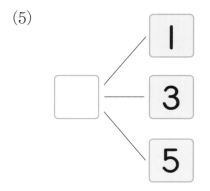

(6)
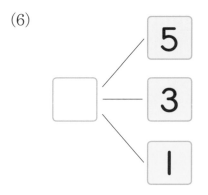

문제 3 숫자로만 제시된 세 수의 모으기 활동이다. 숫자의 배열이 다르더라도 답이 같을 수 있음을 알려준다. 덧셈의 교환법칙과 연결되지만 그렇다고 이 용어는 사용하는 것은 바람직하지 않다. 교환이라는 한자어를 아직 이해하지 못하는 아이가 대부분이며, 용어 때문에 수학 학습에 지장을 초래할 필요는 없다.

가르기와 모으기는 왜 필요할까?

1학년 1학기 수학 학습에서 가장 중요한 내용은 한 자리 수의 '덧셈과 뺄셈'이 아니라 '덧셈식과 뺄셈식'이다. 다시 말하면 2+4 또는 7-2와 같은 덧셈과 뺄셈의 답을 구하는 것이 아니라 2+4=6 또는 7-2=5와 같은, 덧셈식과 뺄셈식의 수식 표현이 핵심내용이라는 것이다. 덧셈식과 뺄셈식은 아이들이 생애 최초로 접하는 수학식이라는 사실을 간과해서는 안 된다.

> **(1) 9까지의 수**
>
> **(2) 가르기와 모으기**
>
> **(3) 덧셈식과 뺄셈식**

앞서 언급했듯 〈9까지의 수〉에서는 숫자를 읽고 쓰는 것보다 수 감각을 토대로 하는 전략적 수 세기에 초점을 두어야 한다. 즉, 5까지의 수에 대한 직관적 수 세기 능력을 점검하고 이를 바탕으로 9까지의 수에 대한 전략적 수 세기 능력을 확인하는 것이다.

이어서 〈가르기와 모으기〉에서는 전략적 수 세기를 통해 익힌 수 감각을 활용하여 주어진 숫자를 두 개 또는 세 개의 수로 가르기를 하거나, 역으로 모으기를 하는 것을 익힌다. 이때 학습자는 자연스럽게

덧셈과 뺄셈을 실행하게 된다.

이어지는 〈덧셈식과 뺄셈식〉에서는 〈가르기와 모으기〉에서 형성된 덧셈과 뺄셈 개념을, 등호를 사용한 수식으로 표현할 수 있도록 익히는 것이 주요 내용이다. 따라서 단원의 제목은 '덧셈식과 뺄셈식'이 되어야 맞다.

사실 학교 수학교육 과정에서 '수 영역'과 '연산 영역'의 구분은 교육학자의 편의에 따른 분류에 지나지 않는다. 수를 배우면서 수 감각이 충분히 무르익으면 자연스럽게 연산 능력으로 이어지므로, 배우는 아이들에게 수와 연산 영역의 경계는 아무런 의미가 없다. 연산을 다루고 있는 이 책의 첫 단원을 〈9까지의 수〉로 구성한 것도 그 때문이다. 그런 관점에서 〈가르기와 모으기〉는 수 영역과 연산 영역을 연결하는 매우 중요한 연결고리다.

덧셈과 뺄셈을 위한 다양한 수준의 수 세기

가르기와 모으기의 과정에서 덧셈과 뺄셈 개념이 형성되지만, 그 핵심은 결국 수 세기다. 따라서 1학기의 덧셈과 뺄셈도 결국 수 세기에서 비롯되므로, 이를 좀 더 살펴보도록 하자.

교사용 해설

(1) 모두 세기

다음 문제 상황은 초등학교 입학 전에 익히는 개수 세기의 한 사례다.

"사과 3개가 들어 있는 바구니에 사과 5개를 더 넣었다. 바구니에는 모두 몇 개의 사과가 들어 있는가?"

아직 3+5와 같은 덧셈식의 형식을 배우지 않았어도 개수 세기에 의해 답을 구할 수 있다. 다만 개수 세기의 수준에 따라 풀이과정에서 차이를 보인다.

먼저 바구니에 든 사과 3개를 세고 바구니에 넣을 사과 5개를 따로 세어본 후, 사과를 모두 모아 처음부터 다시 세어 마지막으로 센 숫자 8을 정답이라고 인식하는 경우다.

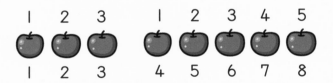

이렇게 전체 개수를 일일이 세어보는 과정을 거쳐 덧셈 문제를 해결하는 것을 '모두 세기'라 한다.

(2) 이어 세기

모두 세기를 여러 번 거듭하면서 아이의 수 감각은 점차 폭넓게 형성된다. 이때 수 감각이 예민한 아이의 경우 자연스럽게 더 발전된 전략을 구사하게 된다. 이를 다음 그림에서 확인할 수 있다.

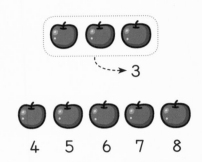

모두 세기가 익숙해질 무렵 어느 순간부터 아이는 바구니에 있던 사과 3개를 일일이 세어보지 않고 직관적 수 세기에 의해 한눈에 파악한다. 그리고 이어서 넷, 다섯, 여섯, 일곱, 여덟이라고 세어 전체 개수를 파악하는데, 이를 '이어 세기'라고 한다.

아이들 대부분은 이어 세기를 할 수 있지만, 간혹 연산 학습에 어려움을 겪는 경우 직관적 수 세기나 이어 세기를 하지 못할 수 있으므로 점검이 필요하다.

(3) 큰 수부터 세기

'모두 세기'와 '이어 세기' 능력이 형성되면 이제 한 자리 수의 덧셈 학습이 가능하다. 이때 수 감각이 뛰어난 아이의 경우 수 세기에서 나름의 또 다른 전략을 개발하게 된다. 위의 문제 상황을 예로 들면 3개가 아닌 5개의 사과부터 먼저 직관적으로 개수를 파악하고 나서, 이어 세기에 의해 나머지 3개를 세는 것이다.

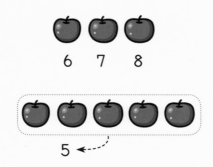

개수가 큰 것부터 먼저 세면 이어 세기의 개수를 줄일 수 있어 편리하다는 것을 발견한 것이다. 또한 덧셈의 순서가 바뀌어도 같은 답을 얻을 수 있다는, 소위 덧셈의 교환법칙이 성립한다는 사실도 (비록 용어는 알지 못해도) 스스로 직관적으로 터득한 것이다.

✏️ 공부한 날짜   월   일

문제 1 | 빈칸에 알맞은 수를 넣으시오.

(1)
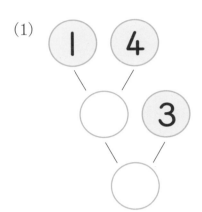

(2)
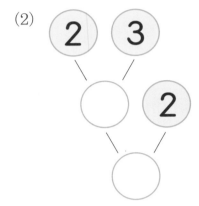

(3)
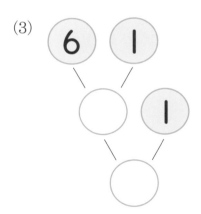

(4)
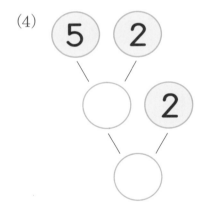

(5)
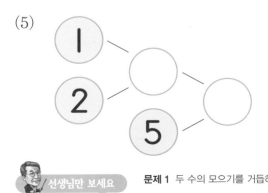

(6)
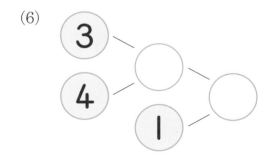

선생님만 보세요   **문제 1** 두 수의 모으기를 거듭하는 복습 문제다.

문제 2 | 수건에 덮여 있어 보이지 않는 크레파스와 구슬은 몇 개인가요?

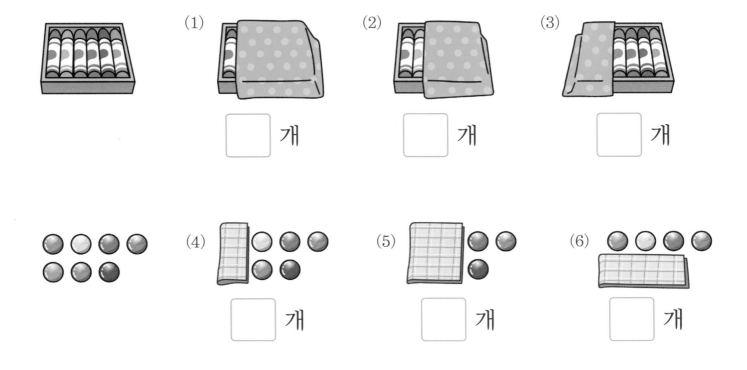

(1) ☐ 개 (2) ☐ 개 (3) ☐ 개

(4) ☐ 개 (5) ☐ 개 (6) ☐ 개

문제 3 | 보기와 같이 ☐ 안에 알맞은 수를 넣으시오.

(1)

☐ 개

 **문제 2** 두 수의 모으기로 덧셈 상황을 맛보았다면 이제는 뺄셈을 위해 가르기 활동이 필요하다. 가려진 부분의 개수를 구하며 가르기를 익힌다. 이때 아이가 크레파스와 구슬의 전체 개수를 먼저 확인하는 것이 중요하다. 가려진 부분을 떠올리며 개수를 확인하는 것이 가르기의 핵심이다.

(2)

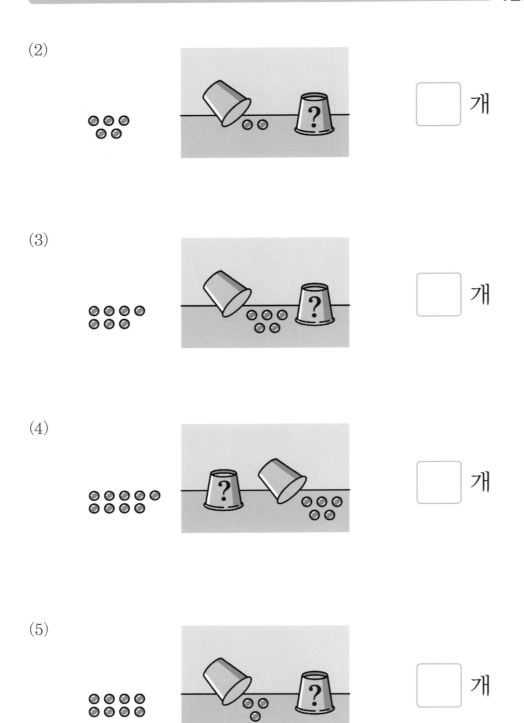

☐ 개

(3)

☐ 개

(4)

☐ 개

(5)

☐ 개

문제 3 가르기 활동의 연속이다. 역시 먼저 구슬 전체 개수를 확인한다. 그런 후 컵으로 가려진 구슬의 개수를 구하며 가르기를 익힌다. 구슬 대신 바둑알이나 공깃돌을 활용하여 수 가르기를 직접 실행할 수도 있다.

✏️ 공부한 날짜   월   일

문제 1 | 수건에 덮여 있어 보이지 않는 구슬은 몇 개인가요?

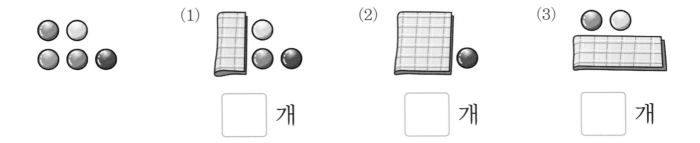

(1) ☐ 개

(2) ☐ 개

(3) ☐ 개

문제 2 | 보기와 같이 ☐ 안에 알맞은 주사위 눈을 그리시오.

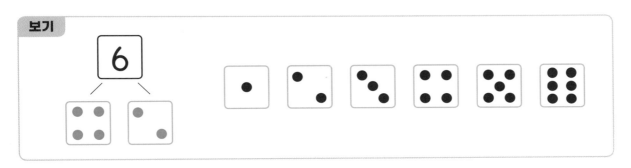

(1)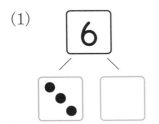

(2)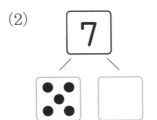

(3)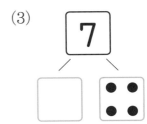

(4)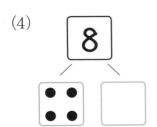

(5)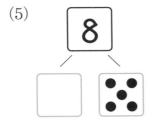

(6)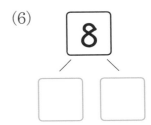

선생님만 보세요

문제 1 가려진 부분의 개수를 구하는 복습 문제다. **문제 2** 주사위 눈을 소재로 하는 가르기 활동이다. 1부터 6까지의 주사위 눈의 모양을 먼저 파악할 것을 권한다. 가르기 활동과는 무관하지만 주사위 눈의 기하학적 배열을 익히는 것이 바람직하다. 마지막 세 문제는 9의 가르기를 여러 방법으로 스스로 결정하여 주사위 눈으로 나타내는 문제다. (6)~(9)의 답은 여러 가지가 나올 수 있다.

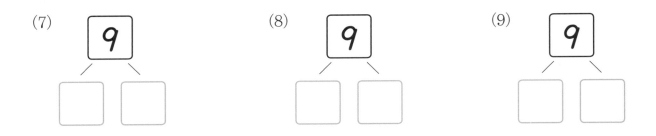

(7) 9

(8) 9

(9) 9

문제 3 | 보기와 같이 □ 안에 알맞은 수를 넣으시오.

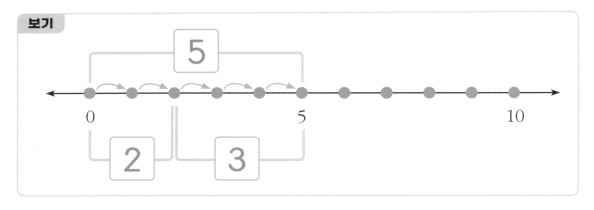

보기

5

0   5   10

2   3

(1)

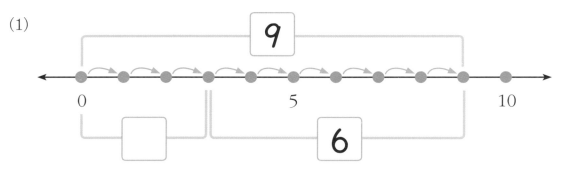

9

0   5   10

6

선생님만 보세요   **문제 3** 수직선 위에서 두 수의 가르기다. 모으기에서와 같이 뛰어세기를 통해 칸의 개수를 파악하도록 한다. 이때 각각의 숫자 크기를 눈으로 확인할 수 있다.

(2)

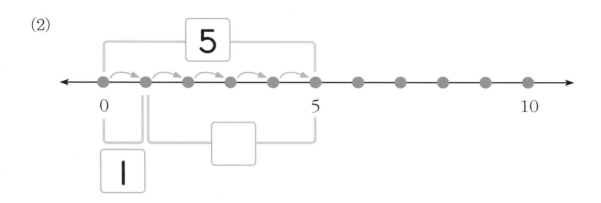

(3)

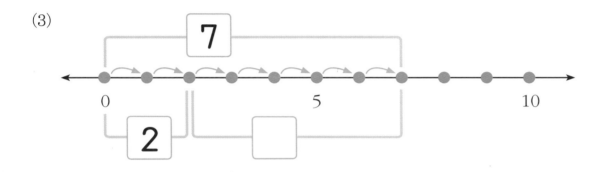

(4)

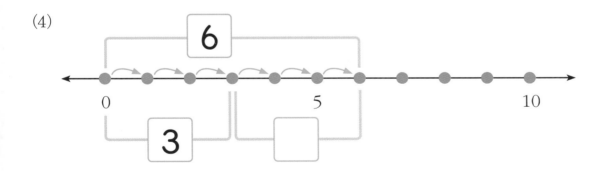

(5)

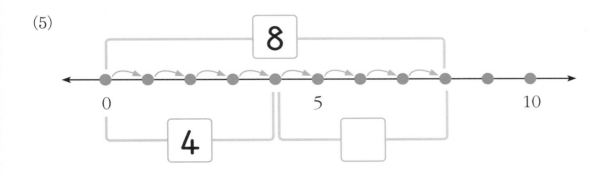

✏️ 공부한 날짜   월   일

문제 1 | ☐ 안에 알맞은 주사위 눈을 그리시오.

(1)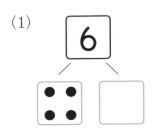

(2)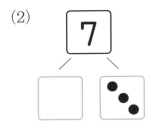

(3)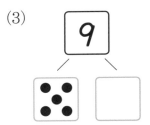

문제 2 | ☐ 안에 알맞은 수를 넣으시오.

(1)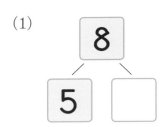

(2)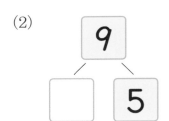

(3)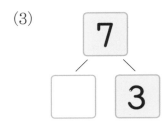

(4)
6
4	

(5)
7
	3

(6)

문제 1 주사위 눈을 이용한 가르기 문제 복습이다.

문제 2 숫자만 제시된 가르기 활동이다.

(7)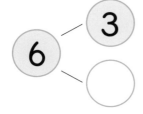

(8)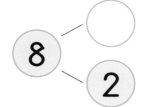

(9)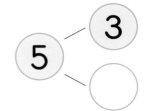

문제 3 | 보기와 같이 빈칸에 알맞은 수를 넣으시오.

보기

5	1	2	3	4
	4	3	2	1

(1)

6			3		1
	1	2		4	

(2)

9	1		3	7	
		4			5

(3)

7	4			3	1
		2	5		

(4)

8	1		3		5		
		6		4		2	1

 **선생님만 보세요** | **문제 3** 5부터 9까지 수의 가르기 연습이다. 단순히 숫자를 채우기보다는 패턴의 발견을 유도하면 수 감각 향상에 도움이 된다. 만약 아이가 이미 패턴을 발견하여 일일이 가르기를 하지 않고 숫자를 이어쓰는 꾀를 부렸다면, 칭찬할 일이다. 만약 문제를 다 풀 때까지 아이가 패턴을 눈치채지 못했다면 센스 있게 한번 짚어준다.

문제 4 | 잘못된 부분을 찾아 바르게 고치시오.

(1)

7	
2̶	3
7	0
1	6
5	1
3	3
6	2

4

(2)

9	
9	0
3	5
2	6
1	8
7	2
6	1

(3)

8	
5	4
1	7
6	2
4	4
2	7
3	4

(4)

6	
1	5
3	3
2	5
5	0
6	0
4	3

문제 4 오답을 찾아 정정하는 문제다. 가르기를 직접 하는 것보다 더 많은 생각을 요구한다. 가르기 상황 속에서 0이라는 숫자를 자연스럽게 받아들일 수 있어야 한다. 정답이 여럿 있을 수 있다. 예를 들어 (1)의 보기에서 2를 4로 고칠 수도 있지만, 3을 5로 고칠 수도 있다. 왼쪽 숫자가 아닌 오른쪽 숫자를 수정할 수도 있어 답이 두 가지다.

✏️ 공부한 날짜   월   일

문제 1 | 빈 칸에 알맞은 수를 넣으시오.

(1)

4	1		3
		2	

(2)

7		1				6
	5		3	2	4	

(3)

8	2			3	5		6
		4	7			1	

문제 2 | 빈 칸에 알맞은 수를 넣으시오.

(1)

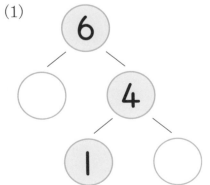

(2)

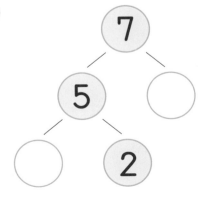

 **선생님만 보세요**   문제 1 숫자로만 가르기 활동을 복습한다.
문제 2 두 수의 가르기를 두 번 거듭한다. 세 수의 가르기를 위한 예비단계다.

(3)
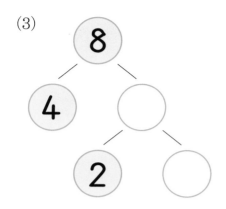

(4)
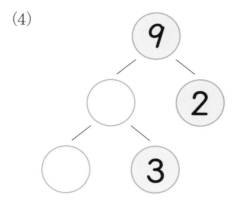

문제 3 | 컵으로 가려진 구슬은 몇 개인가요?

(1)
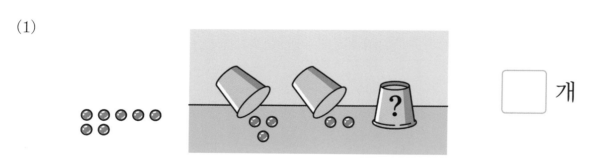

☐ 개

(2)
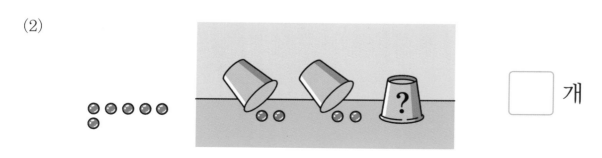

☐ 개

문제 3 세 개의 컵을 활용한 세 수의 가르기 활동이다.

(3)

☐ 개

(4)

☐ 개

(5)

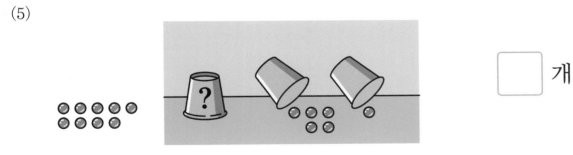

☐ 개

(6)

☐ 개

문제 4 | 빈칸에 알맞은 수를 넣으시오.

(1)
7	
3	2	

(2)
9	
	2	4

(3)
6	
1		3

(4)
5	
1		1

(5)
8	
3	4	

(6)
9	
	3	2

(7) 6 — 2 / 2 / ○

(8) 9 — 3 / ○ / 3

(9) 7 — 2 / ○ / ○

(10) 8 — ○ / ○ / 2

(11) 8 — 2 / ○ / ○

(12) 9 — 2 / ○ / ○

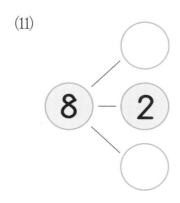
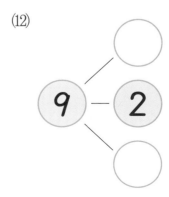

문제 4 숫자만 제시된 세 수의 가르기 활동이다. 마지막 네 문제에서 채워야 할 빈칸이 두 개다. 이 활동에 오류가 없다면 이미 덧셈과 뺄셈 개념이 충분히 형성된 것으로 볼 수 있다. 이제 '기호가 있는 덧셈식과 뺄셈식'을 학습할 준비가 되었다. (9)~(12)는 답이 여럿 있을 수 있다

80

모으기 가르기 연습(1) 두 수로 가르기

✏️ 공부한 날짜   월   일

문제 1 | 빈 칸에 알맞은 수를 넣으시오.

(1)
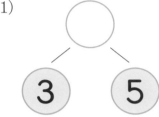

(2)
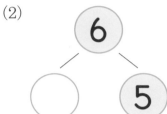

(3)
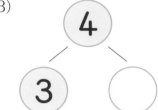

(4)
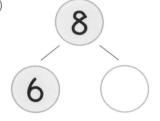

(5)
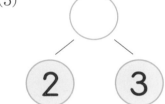

(6)
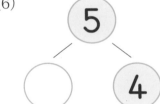

(7)
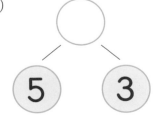

(8)
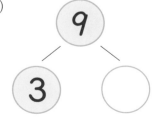

(9)
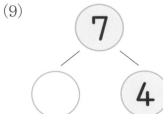

 **문제 1** 두 수의 모으기와 가르기 연습을 충분히 할 수 있다. 앞의 열 문제 모두 정답을 맞추었다면 굳이 다음 문제를 풀지 않아도 된다.

(10)
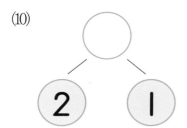

(11)
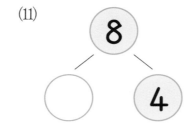

(12)
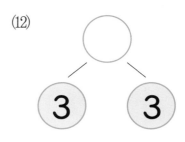

(13)
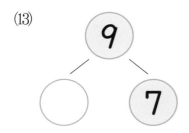

(14)
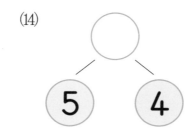

(15)
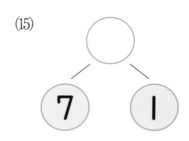

(16)
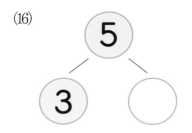

(17)
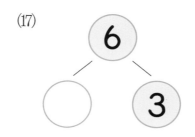

(18)
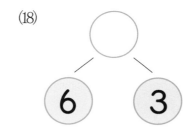

(19)
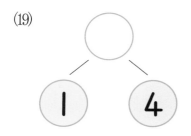

(20)
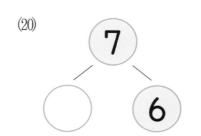

(21)
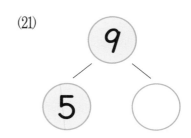

모으기 가르기 연습(2) 세 수로 가르기

✏️ 공부한 날짜   월   일

문제 1 | 빈 칸에 알맞은 수를 넣으시오.

(1)
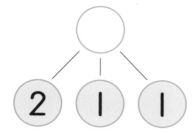

(2)
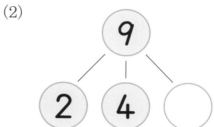

(3)
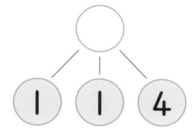

(4)
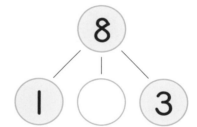

(5)
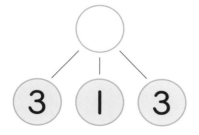

(6)
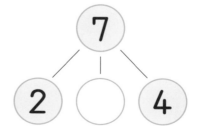

문제 1 두 수뿐만 아니라 세 수의 모으기와 가르기 연습을 하여 수 감각을 익힌다. 이 문제를 해결하면 한 자리수의 덧셈과 뺄셈 능력이 거의 완벽하게 완성되었다고 말할 수 있다.

(7)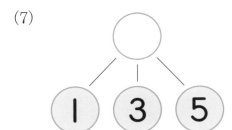

(8)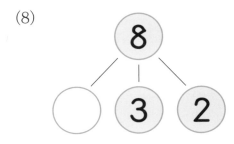

(9)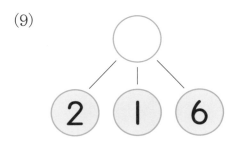

(10)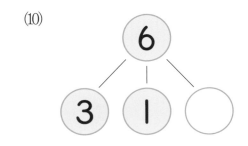

(11)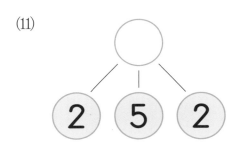

(12)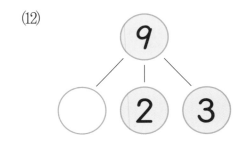

(13)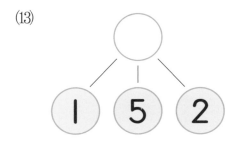

(14)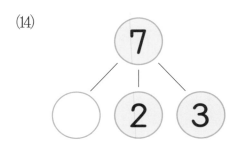

(15)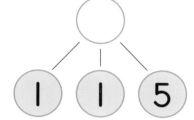

(16)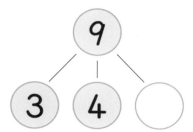

(17)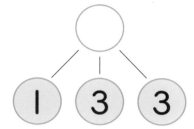

(18)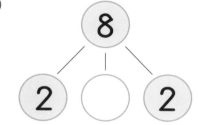

(19)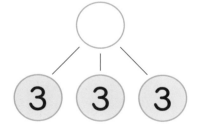

(20)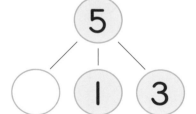

뺄셈도 개수 세기에서

덧셈과 마찬가지로 뺄셈 또한 수식만이 아니라 상황을 함께 제시하게 되는데, 다음과 같은 예를 들 수 있다.*

"사과 8개가 들어 있는 바구니에서 3개의 사과를 가져갔다면, 바구니에는 모두 몇 개의 사과가 남아 있는가?"

덧셈에서도 그랬듯, 이 문제 역시 유치원 아이들도 어렵지 않게 답을 구할 수 있다. 8–3과 같은 형식적인 뺄셈이 아니라 개수 세기에 의해 답을 구할 수 있기 때문이다.

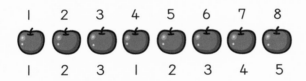

먼저 전체 사과 8개를 세어본 후에 그중에서 3개의 사과를 세어 제외한다. 그리고 나머지 사과를 세어 남은 개수가 5개임을 안다. 이는 덧셈에서의 모두 세기와 다르지 않다. 전체 개수를 헤아린 다음에 가져간 사과의 개수를 세고, 마지막으로 남은 사과의 개수를 세어보는 것이다. 수 세기를 배우며 뺄셈 연

---

* 뺄셈은 여기 제시한 상황 이외에도 여러 상황을 나타낸다. 이에 대해서는 「허찌르는 수학 이야기」 119쪽에서 자세히 설명되어 있다.

산으로 자연스럽게 이행하는 과정의 초기에 나타나는 풀이다.

이처럼 덧셈과 뺄셈 개념은 수 세기로부터 형성된다. 물론 이후에 두 자리 수의 덧셈과 뺄셈으로 확장될 때는 수 세기가 아닌 정해진 절차에 의해 연산의 답을 구한다.

한 자리 수의 가르기와 모으기를 위한 다양한 모델

〈가르기와 모으기〉에서 덧셈과 뺄셈 개념이 형성되므로, 숫자가 제시되기 이전에 연산 개념이 점진적으로 형성되도록 다양한 수학적 모델을 제시할 필요가 있다. 이 모델들을 차례로 소개하면 다음과 같다.

(1) 구슬과 같은 구체물

흩어져 있는 구슬(또는 큐브 등과 같은 구체물)의 전체 개수를 세어보는 과정에서 묶어 세기를 익힐 수 있다.

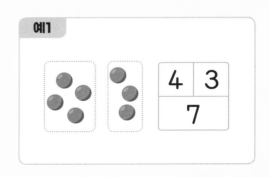

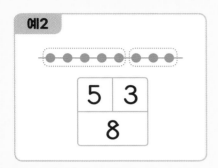

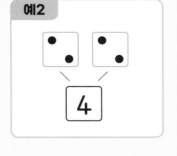

처음에는 묶음의 개수를 제시하다가 이후에는 스스로 결정하도록 하여 전략적 수 세기를 익히도록 한다. 이 과정에서 5 이하의 개수로 묶어 세는 것이 편하다는 것을 깨닫게 된다. 〈예2〉에서 수 구슬의 형태가 일렬로 배열되어 있는 것은 수직선 도입을 위한 복선이다.

(2) 주사위

1부터 6까지의 수가 표기된 주사위 눈은 한 자리 수의 모으기와 가르기에 유용하다. 한눈에 수를 파악할 수 있으며 주사위 눈이 기하학적 형태로 규칙적으로 배열되어 있기 때문이다.

〈예2〉에서는 같은 수를 두 번 더하는 '두 배수' 전략을 실행한다. 같은 주사위 눈 두 개를 보면서 두 배수 개념을 시각적으로도 확인할 수 있다. 모으기와 가르기에서 구하는 답을 숫자로 나타낼 수도 있지만, 주사위 눈을 직접 그려보도록 하여 기하학적 배열을 익히는 효과를 거둘 수도 있다.

(3) 수직선

수직선은 자연수의 특징을 눈으로 확인할 수 있는 훌륭한 수학적 모델임을 앞에서 밝힌 바 있다. 한 자리 수의 모으기와 가르기를 수직선 위에서 실행하면 덧셈과 뺄셈의 진행 과정을 확인할 수 있다.

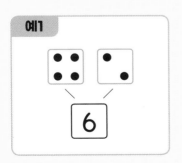

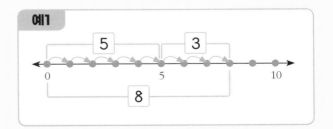

예2

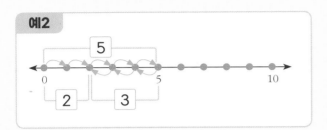

단위 길이, 즉 1씩 등분된 수직선에서 한 칸씩 세는 수 세기를 실행하여 덧셈 과정을 눈으로 확인한다.

(4) 숫자

구슬, 주사위, 수직선 모델에 어느 정도 익숙해지면 다음과 같이 숫자로만 이루어진 문제를 제시할 수 있다. 문제 형식도 여기 제시된 것 이외에 얼마든지 다양한 형태로 변형할 수 있다.

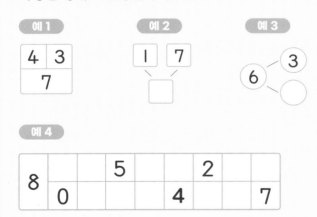

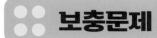

보충문제

문제 1 | 빈칸에 알맞은 수를 넣으시오.

(1)
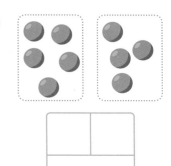

(2)
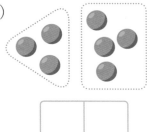

(3)
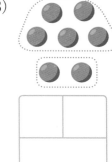

(4)
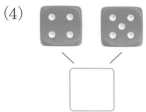

(5)
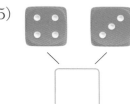

(6)
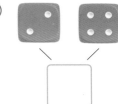

문제 2 | 각자 편한대로 수 구슬을 묶고 빈칸에 알맞은 수를 넣으시오.

(1)
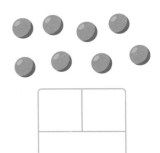

(2)
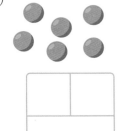

(3)
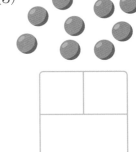

유사한 문제를 지나치게 많이 반복하는 것은 오히려 흥미를 떨어뜨리고 학습 효과를 저해하게 하는 역효과를 초래할 수 있습니다. 본문 문제를 충분히 이해했다면 보충문제까지 풀이할 필요는 없습니다. 필요한 경우에만 보충문제를 적절하게 활용하는 것을 권장합니다.

문제 3 | 수 구슬을 묶고 빈칸에 알맞은 수를 넣으시오.

(1)　　　　　　(2)　　　　　　(3)

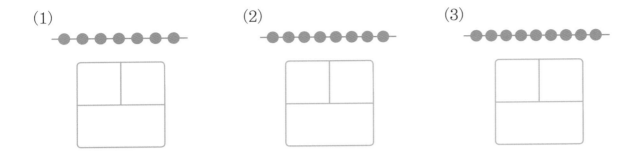

문제 4 | □ 안에 알맞은 수를 넣으시오.

(1)

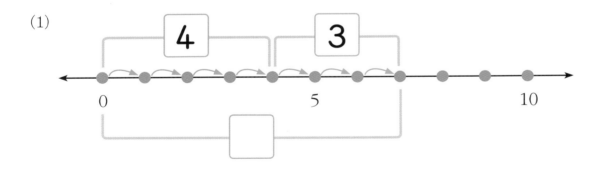

(2)

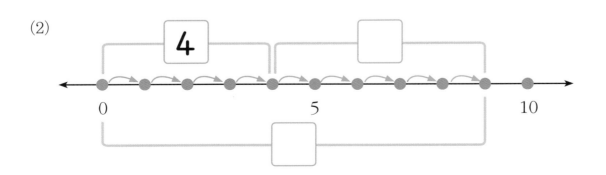

(3)

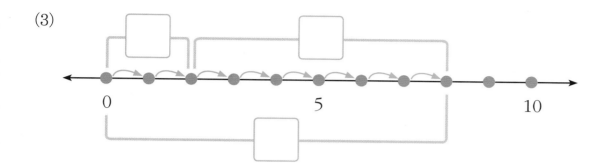

문제 5 │ 보기와 같이 빈칸에 알맞은 수를 넣으시오.

(1)

3	4

(2)

7	I

(3)

(4)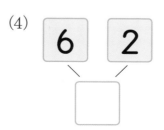

문제 6 | 빈칸에 알맞은 수를 넣으시오.

(1)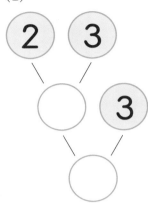

(2)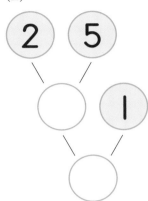

(3)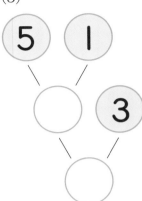

문제 7 | 구슬을 세 부분으로 묶고, 빈칸에 알맞은 수를 넣으시오.

(1)

(2)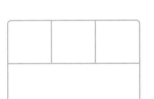

(3)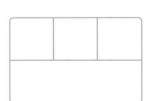

(4)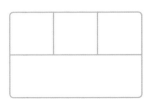

문제 8 | 빈칸에 알맞은 수를 넣으시오.

(1)

2	3	3

(2)

4	2	2

(3)

1	2	5

문제 9 | ☐ 안에 알맞은 수를 넣으시오.

(1)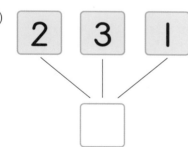

(2)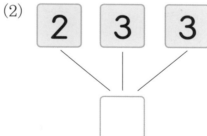

(3)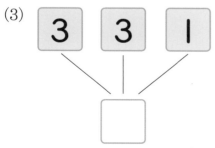

(4)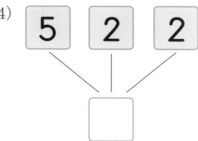

문제 10 | 컵에 가려져 보이지 않는 구슬은 몇 개인지 ☐ 안에 알맞은 수를 넣으시오.

(1)

☐ 개

(2)

☐ 개

(3)

☐ 개

문제 11 | ☐ 안에 알맞은 수를 넣으시오.

(1)
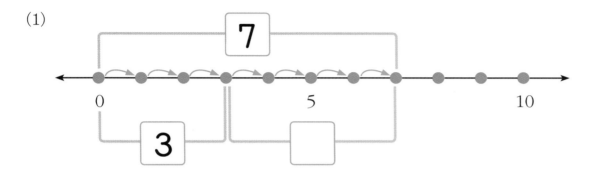

(2)
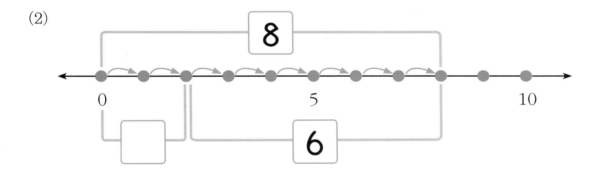

(3)
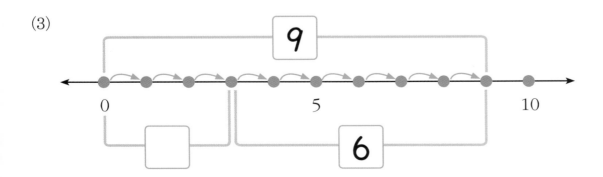

문제 12 | 빈칸에 알맞은 수를 넣으시오.

(1)

6	
2	

(2)

7 — 2, ◯

(3)

8 — □, 3

(4)

9	1		3		5		7		
		7		5		3		1	0

문제 13 | 빈 칸에 알맞은 수를 넣으시오.

(1)

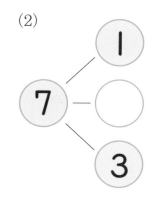

(2)

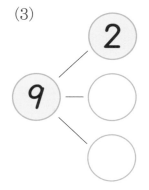

(3)

(4)
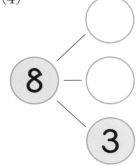

(5)
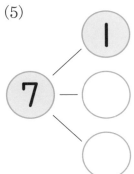

(6)
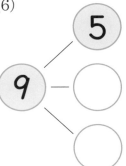

문제 14 | 빈 칸에 알맞은 수를 넣으시오.

(1)
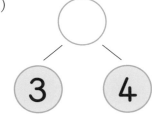

(2)
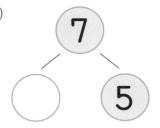

(3)
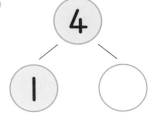

(4)
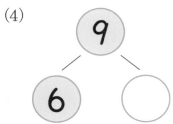

(5)
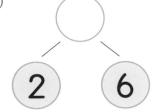

(6)
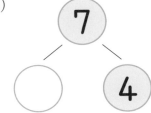

문제 15 | 빈 칸에 알맞은 수를 넣으시오.

(1)

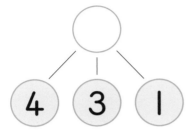

(2)

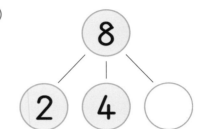

(3)

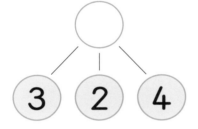

(4)

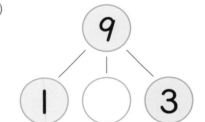

덧셈식과 뺄셈식

덧셈 기호 (+)와 뺄셈 기호 (-)

✏️ 공부한 날짜 　 월 　 일

문제 1 | 보기와 같이 ☐ 안에 알맞은 기호를 넣으시오.

보기

$$5 \boxed{+} 3 \qquad 5 \boxed{-} 2$$

(1)

$$4 \boxed{} 3$$

(2)

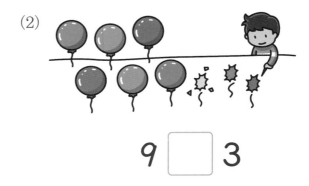

$$9 \boxed{} 3$$

(3)

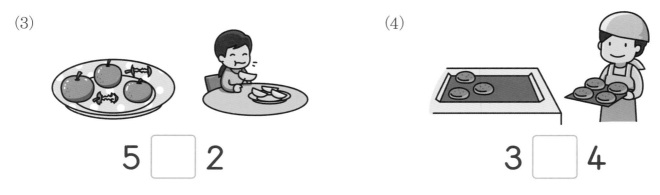

$$5 \boxed{} 2 \qquad\qquad 3 \boxed{} 4$$

(4)

선생님만 보세요

문제 1 앞의 가르기와 모으기 활동에서 이미 덧셈과 뺄셈을 익혔다. 여기서는 덧셈식과 뺄셈식으로 나타내는 것에 초점을 둔다. 먼저 수식을 구성하는 기호의 의미를 익히기 위해 덧셈 기호 +와 뺄셈 기호 −가 나타내는 상황을 그림으로 파악하고, 이에 대한 적절한 표기를 익힌다.

(5)

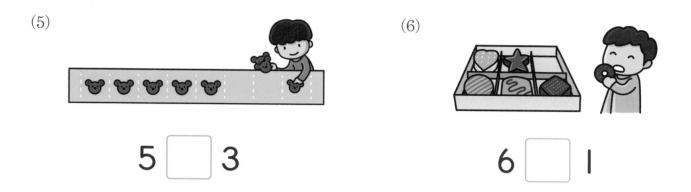

5 ☐ 3

(6)

6 ☐ l

문제 2 │ 보기와 같이 ☐ 안에 알맞은 수 또는 기호를 넣으시오.

보기

2 + 5

7 − 3

(1)

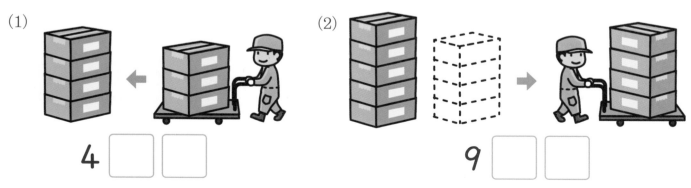

4 ☐ ☐

(2)

9 ☐ ☐

문제 2 +와 − 기호를 이용하여 등호가 들어 있지 않은 덧셈식 또는 뺄셈식을 만든다. 이 단계에서는 계산보다는 덧셈 기호와 뺄셈 기호가 적용되는 상황 파악에만 초점을 둔다.

주의 제시된 삽화를 보고 문제 상황을 이야기로 설명하는 것을 권장한다.

(3)

(4)

(5)

(6)

(7)

(8)

문제 3 | 보기와 같이 □ 안에 알맞은 수 또는 기호를 넣으시오.

보기

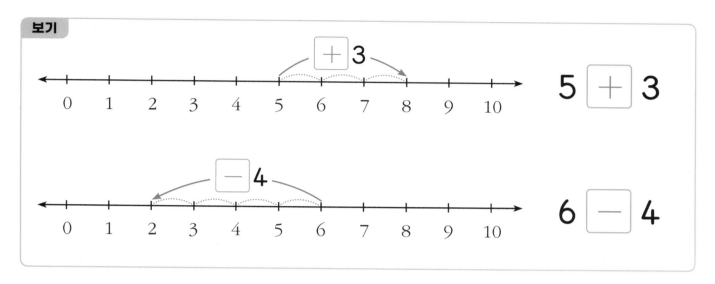

(1)

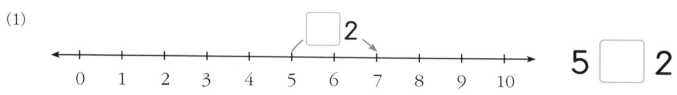

(2)

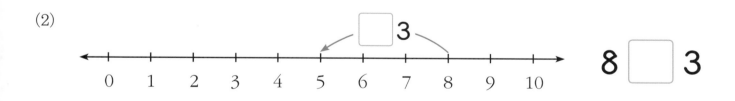

(3)

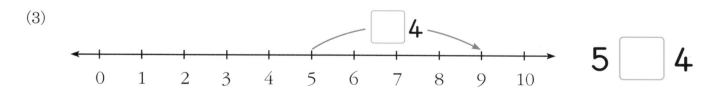

문제 3 수직선에서 오른쪽과 왼쪽으로의 이동을 각각 덧셈 기호 +와 뺄셈 기호 -로 나타내며 기호의 의미를 익힌다. 이후의 사칙연산에서 수직선은 중요한 학습 모델로 계속 등장할 것이다.

(4)

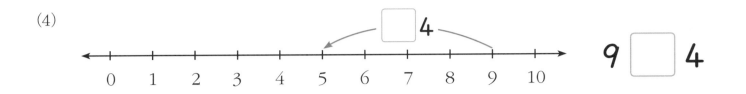

(5)

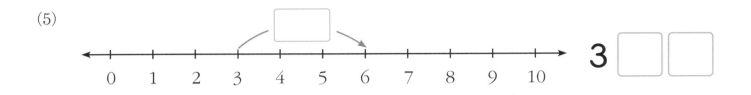

(6)

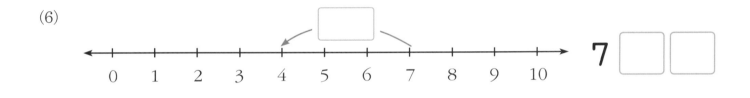

(7)

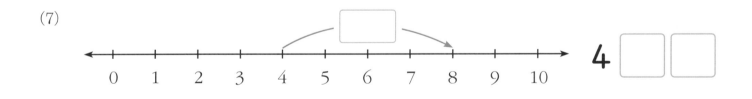

(8)

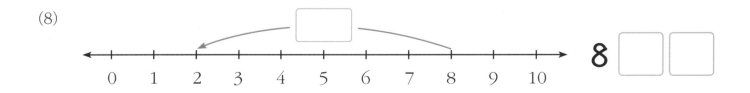

✏️ 공부한 날짜   월   일

문제 1 | ☐ 안에 알맞은 수 또는 기호를 넣으시오.

(1)

(2)

(3)

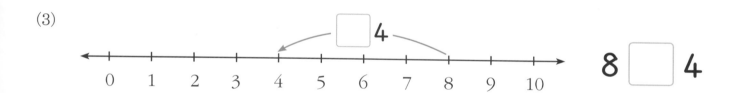

8 ☐ 4

(4)

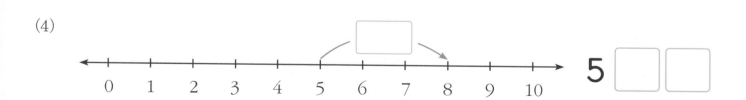

5 ☐ ☐

문제 2 │ 보기와 같이 ☐ 안에 알맞은 수 또는 기호를 넣으시오.

보기

(1)

(2)

문제 2 +와 ─ 기호를 사용하여 덧셈과 뺄셈을 '화살표를 이용한 식'으로 나타낸다. 화살표 식은 '등호를 사용한 식'을 도입하기 이전에 덧셈과 뺄셈의 역동적인 상황을 인식하게 하는 효과가 있다. **주의** "버스에는 5명이 타고 있구나. 이제 손님 3명이 버스에 타려고 하지?"와 같은 설명을 덧붙여도 괜찮다. 중요한 것은 기호의 의미를 상황을 통해 이해하는 것이다.

2일차 화살표 식 (1)

(3)

5 ⟶ 8

(4)

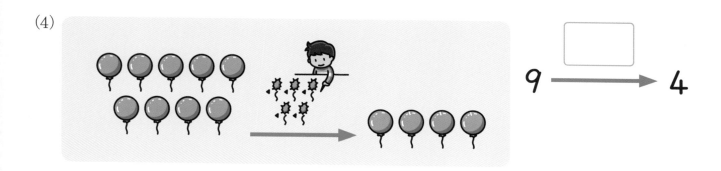

9 ⟶ 4

(5)

3 ⟶ ☐

(6)

5 ⟶ ☐

문제 3 | 보기와 같이 빈칸을 채우시오.

보기

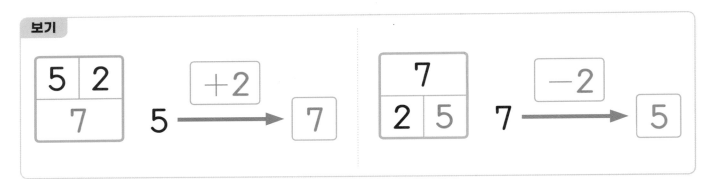

(1)

(2)

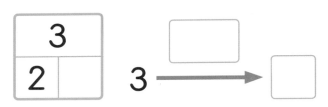

(3)

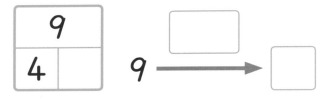

(4)

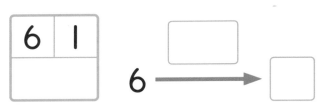

(5)

(6)

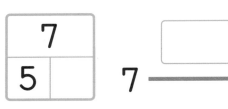

 선생님만 보세요   **문제 3** 모으기와 가르기 상황을 기호 +와 −를 이용하여 화살표 식으로 나타낸다. 등호 도입의 직전 단계다.

(7)
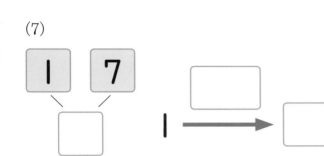

(8)
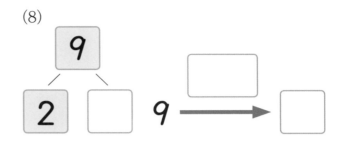

(9)
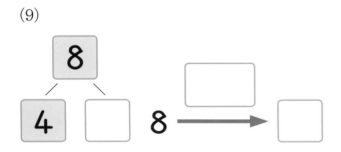

(10)
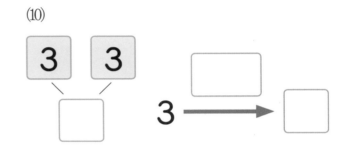

(11)
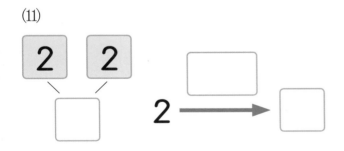

(12)
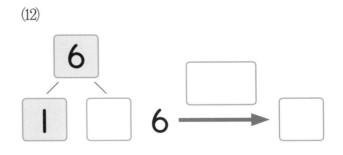

✏️ 공부한 날짜   월   일

문제1 | ☐ 안에 알맞은 수 또는 기호를 넣으시오.

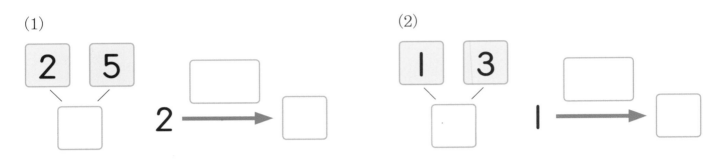

(1)   (2)

(3)   (4)

문제 2 | 보기와 같이 ☐ 안에 알맞은 수 또는 기호를 넣으시오.

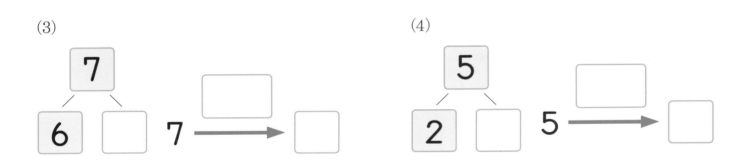

보기

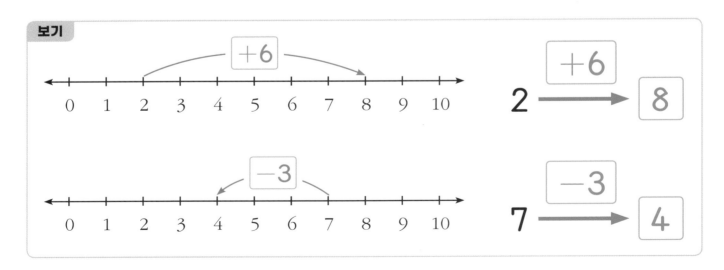

문제 1 화살표 식에 대한 복습이다.

문제 2 수직선에서 오른쪽과 왼쪽으로의 이동을 기호 +와 − 를 이용하여 화살표 식으로 나타낸다.

(1)

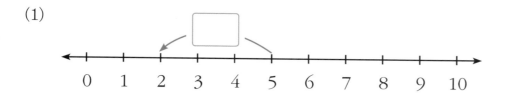

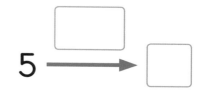

(2)

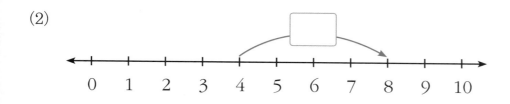

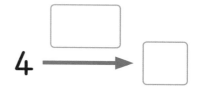

(3)

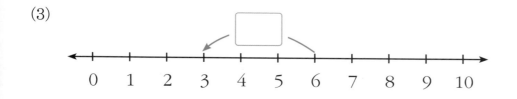

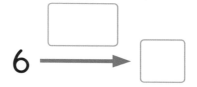

(4)

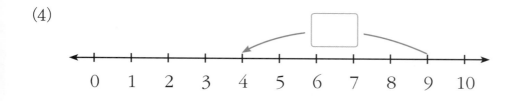

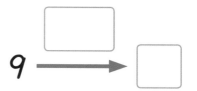

(5)

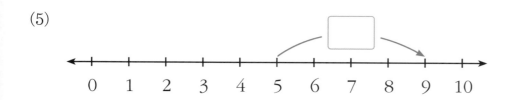

문제 3 | □ 안에 알맞은 수를 넣으시오.

(1) $2 \xrightarrow{+6} \square$

(2) $4 \xrightarrow{+2} \square$

(3) $6 \xrightarrow{-3} \square$

(4) $7 \xrightarrow{-1} \square$

(5) $2 \xrightarrow{+3} \square$

(6) $8 \xrightarrow{-6} \square$

(7) $5 \xrightarrow{+4} \square$

(8) $1 \xrightarrow{+5} \square$

선생님만 보세요 **문제 3** 화살표 식의 결과를 익힌다.

문제 4 | 보기와 같이 ◯ 안에 알맞은 기호를 넣으시오.

보기

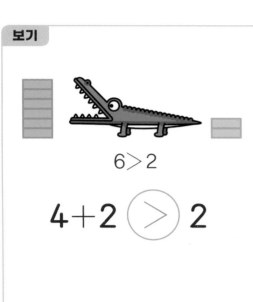

6>2

$$4+2 \,\bigcirc\!\!> \, 2$$

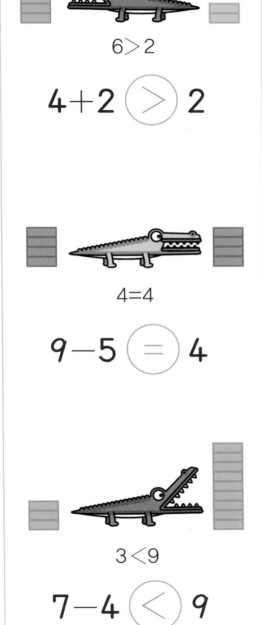

4=4

$$9-5 \,\bigcirc\!\!= \, 4$$

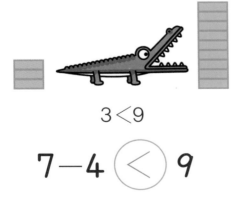

3<9

$$7-4 \,\bigcirc\!\!< \, 9$$

(1)
$$3+4 \,\bigcirc\, 7$$

(2)
$$5+4 \,\bigcirc\, 6$$

(3)
$$8-7 \,\bigcirc\, 1$$

(4)
$$5-4 \,\bigcirc\, 3$$

(5)
$$9-2 \,\bigcirc\, 5$$

(6)
$$1+2 \,\bigcirc\, 3$$

(7)
$$6-1 \,\bigcirc\, 6$$

(8)
$$7+2 \,\bigcirc\, 7$$

(9)
$$3+1 \,\bigcirc\, 9$$

 선생님만 보세요

문제 4 등호와 부등호 기호를 보기의 그림에서 익힌다. 부등호의 도입에 의아해할 수 있다. 대부분 등호가 먼저 도입되고 나서 부등호가 도입되어야 한다고 생각하기 때문이다. 그러나 위와 같이 등호의 의미를 보다 분명하게 드러내기 위해 부등호를 함께 도입할 수 있다. 보기의 삽화는 등호와 부등호를 어렵지 않게 자연스럽게 받아들일 수 있도록 하는 장치이니 주의 깊게 관찰하도록 한다.

교사용 해설

한 자리 수의 덧셈/뺄셈은, 두 자리 수의 덧셈/뺄셈과 다르다!

1학년 수학의 핵심은 아래 표에 제시된 것과 같이 덧셈과 뺄셈 연산이다. 그런데 덧셈과 뺄셈을 배우는 순서가 수의 크기와 일치하지 않음을 알 수 있다. 3+4=7과 8-5=3을 배우고, 두 자리 수의 덧셈과 뺄셈인 32+43=75와 78-32=46을 배운 후, 다시 한 자리 수의 덧셈과 뺄셈 8+6=14과 12-9=3으로 이어진다. 왜 그렇게 구성하였을까? 이 순서로 덧셈과 뺄셈을 배우는 것이 과연 자연스러운 걸까?

32+43=75와 78-32=46을 8+6=14과 12-9=3보다 먼저 배우도록 한 것은 받아올림과 받아내림이라는 절차적 지식에 중점을 두었기 때문이다. 이는 수 세기와 연산의 단절을 뜻한다. 수 세기에서 연산으로 이어지는 자연스러운 흐름을 끊어버리는 악수를 두었던 것이다. 이런 식이라면 앞에서 굳이 〈가르기와 모으기〉를 제시할 하등의 이유가 없었다. 이는 아이들의 자연스러운 사고의 흐름을 무시하고 연산의 절차적 지식에만 집착했기 때문에 나타난 잘못된 구성이다.

이 책에서는 교과서나 다른 교재와 달리, 덧셈과 뺄셈을 '한 자리 수'와 '두 자리 수 이상'의 두 가지 경우로 구분하여 제시하였다. 이는 아이들이 바로 앞에서 익힌 수 세기의 경험을 그대로 한 자리 수의 덧셈과 뺄셈으로 연계하려는 의도다. 아이들의 자연스러운 사고 과정에 맞추어 가르칠 내용을 구성하는 것은 당연하다. 처음 수식을 접하는 아이들에게는 더욱 그렇다. 이에 대한 더 자세한 설명은 2학기 연산에서 이어서 하기로 하고, 여기서는 수 세기의 연장선에서 한 자리 수의 덧셈과 뺄셈이 이어진다는 사실만 기억하도록 하자.

생애 최초의 수학식

덧셈과 덧셈식, 뺄셈과 뺄셈식은 구분해야 한다. 앞에서 보았듯 아이들은 초등학교에 입학하기 이전에 수 세기 활동을 통해 또는 가르기와 모으기를 통해 덧셈과 뺄셈 개념을 형성한다. 이 단원의 핵심은 덧셈

학기	단원	내용
1학기	(3) 덧셈과 뺄셈 3+4=7 8-5=3	받아올림과 받아내림이 없는 한 자리 수의 덧셈과 뺄셈
2학기	(3) 덧셈과 뺄셈(1) 32+43=75 78-32=46	받아올림과 받아내림이 없는 두 자리 수의 덧셈과 뺄셈
	(5) 덧셈과 뺄셈(2) 8+6=14 12-9=3	받아올림과 받아내림이 있는 한 자리 수의 덧셈과 뺄셈

* (1) 9까지의 수에서와 같이 괄호 안의 숫자는 단원 표시다. – 현행 교육과정

과 뺄셈이 아니라, 이를 수식으로 나타내는 데 초점을 두어야 하기 때문에 〈덧셈식과 뺄셈식〉이 올바른 제목이다. 1학년 국어 수업에서 말이 아닌 글을 배우는 것과 같은 이치다. 그런 관점에서 아이가 앞으로 무수히 많은 수학식을 배운다는 사실을 고려하면, 2+4=6과 7−2=5 같은 덧셈식과 뺄셈식이 우리 아이들이 생애 최초로 접하는 수학식이라는 사실을 소홀히 여길 수는 없을 것이다.

한 자리 수의 덧셈과 뺄셈은 단순한 식이지만, 여기에 들어 있는 수학적 기호인 '+'와 '−', 그리고 좌변과 우변을 연결하는 등호 '='를 어떻게 제시할 것인지 세심한 주의를 기울여야 한다. 이 책에서는 이들 수학적 기호를 매우 천천히 점진적으로 도입하여 아이들이 충분히 시간을 가지고 완벽하게 익힐 수 있는 활동을 제시하였다. 이를 자세히 살펴보자.

'+' 기호의 두 가지 의미

덧셈식 3+2=5의 덧셈 기호에는 두 가지 서로 다른 의미가 들어 있다. 다음 예를 보자.

(1) 버스에 승객 3명이 타고 있다. 다음 정류장에서 2명의 승객이 더 탔다면, 버스 승객은 모두 몇 명인가?

(2) 거실에 남자 3명과 여자 2명이 앉아 있다. 거실에는 모두 몇 명이 있는가?

두 문제 상황은 3+2=5라는 하나의 똑같은 덧셈식으로 나타낼 수 있다. 그렇다고 그 구조까지 같은 것은 아니다. 문제 (1)은 버스 안에 있던 승객 3명에 새로운 승객 2명을 '더'하는 상황이며, 그 결과 수량에 변화가 생긴다. 이를 그림으로 나타내면 다음과 같다.

세 명에 두 명을 더한다.

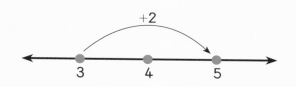

3에서 출발하여 2(둘)만큼 더 간다.

그림에서 문제 상황의 구조가 분명하게 드러나는데, 식에 들어 있는 세 요소에 주목해 보자.

처음에 주어진 양 : 3

변화된(더하는) 양 : 2

결과 : 5

그러므로 덧셈이라는 용어는 다음과 같은 맥락에

115

서 만들어진 것으로 해석할 수 있다.

'더한다' → '더하는 셈' → '덧셈'

처음보다 '더' 늘어났거나 덧붙여진 변화가 일어났을 때 이를 헤아리는 셈인 '더하는 셈'을 줄여 '덧셈'이라는 용어가 만들어진 것이다.

한편 문제 (2)의 상황은 문제 (1)의 '더하기' 상황과는 미묘한 차이를 보인다. 남자와 여자라는 두 그룹을 '합合'하는 상황이기 때문인데. 이를 다음과 같은 그림으로 나타낼 수 있다.

남자 그룹과 여자 그룹을 합한다.

서로 다른 두 집합이 결합되어 만들어진 하나의 새로운 집합에 몇 개의 원소가 들어 있는지 구하는 것으로, 더하기가 아닌 '합'하기 상황이다. 합하기 상황을 나타내는 덧셈식의 구성 요소를 살펴보면, 3(남자수)과 2(여자 수)가 그 위상이 서로 동등하므로 두 수를 바꾸어도 문제 상황의 구조는 같다. 반면에 더하기 상황에서는 '3에 2를 더'하는 것이므로, 처음에 주어진 상태(더해지는 수 3)와 변화되는 양(더하는 수 2)으로서 3과 2는 그 위상이 다르다. 따라서 덧셈의

교환법칙은 더하기 상황보다는 합하기 상황에서 더 쉽게 설명할 수 있다.

이와 같이 덧셈(더하기)과 합산(합하기)은 단순히 우리말과 한자어의 차이만을 뜻하지 않는데, '수직선'과 '벤 다이어그램 모델'을 사용하면 그 차이를 더 분명하게 확인할 수 있다. 수직선 모델에서 처음 숫자 3(더해지는 수)은 출발점을 나타내고 다음 숫자 2(더하는 수)는 변화된 양을 뜻한다. 그런 관점에서 수직선 모델은, 두 집합이 동등하여 두 숫자 3과 2도 동등하게 다루어지는 벤 다이어그램과는 분명하게 구별된다.

'一' 기호의 여러 가지 의미

하나의 덧셈식 3+2=5라는 이 상황에 따라 더하기와 합하기로 구분되듯, 8-3=5라는 뺄셈식도 덧셈식과 각각 짝을 이루는 두 가지 상황을 나타낸다. 더하기와 짝을 이루는 '빼기', 합하기와 짝을 이루는 '떼어내기'가 그것이다. 다음 문제 상황을 살펴보자.

(1) 8대의 자동차가 있던 주차장에서 자동차 3대가 빠져나갔다. 남은 자동차는 몇 대인가?
(2) 방 안에 있는 사람 8명 가운데 3명만 남자다. 여자는 몇 명인가?

위의 두 가지 뺄셈도 하나의 똑같은 뺄셈식 8-3=5
로 나타낼 수 있지만, 상황의 구조에는 분명한 차이
를 보인다. 문제 (1)은 처음에 8대의 자동차가 있던
주차장에서 자동차 3대가 '빠져나가'는 변화가 발생
한다. 이를 그림으로 나타내면 다음과 같다.

8대에서 3대를 뺀다.

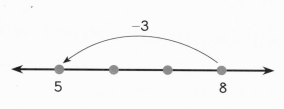

8에서 출발하여 3(셋)만큼 덜어낸다.

뺄셈식 8-3=5를 구성하는 세 개의 요소를 분석하
면 다음과 같다.

처음에 주어진 양 : 8
변화된(덜어내는) 양 : 3
결과 : 5

그림에서 세 개의 요소를 살펴보면, 주어진 대상
8개에서 그 일부인 3개를 '덜어'내거나 또는 '빼'내는
것을 알 수 있다. 8-3이라는 뺄셈식에는 '빼어낸 나
머지를 셈한다'는 뜻이 들어 있으므로 '뺄셈'이라는

용어는 다음과 같은 맥락으로 해석할 수 있다.

'빼다' → '빼는 셈' → '뺄셈'

이때의 뺄셈은 어떤 대상 전체에서 일부를 없애거
나, 가져가거나, 먹어버리거나, 잃어버리거나, 스스
로 사라져 버리거나 등등의 이유로 개수가 줄어든,
남아 있는 대상의 개수를 알고자 할 때 적용되며 "몇
개가 남아 있는가?"라는 물음에 답한다.

두 번째 뺄셈 상황도 덧셈과 짝을 이루는데, 두 개
의 그룹을 '합'했던 덧셈의 역 상황을 나타내므로 이
때의 뺄셈 상황은 앞의 것과 다를 수밖에 없다. 주어
진 전체 8에는 남자와 여자라는 두 집합이 들어 있
고, 이중 하나의 집합(남자)을 떼어낸 나머지 집합(여
자)의 원소 개수를 구하는 상황이기 때문이다. 합을
나타내는 덧셈의 역으로 '분리'를 뜻하는데, 집합을
빌어 말하면 어떤 집합(남자)의 여집합(餘集合, 나머
지를 뜻하는 여)의 원소 개수다.

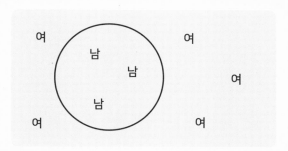

117

즉, 속성이 다른 이질적인 두 개의 집합이 전체를 이루는 상황이므로 앞의 빼기와는 상황의 구조가 다르다. 문제도 '얼마 남았는가?'에서 '~가 아닌 것은 몇 개인가?'라는 형식으로 바뀐다.

덧셈과 뺄셈의 관계

하나의 덧셈식이 '더하기'와 '합하기', 그리고 이에 대응되는 뺄셈식이 '빼기'와 '떼어내기(분리)'의 두 가지 상황을 나타낼 수 있다는 것을 알았다. 이외에도 '비교'라는 또 다른 상황을 나타내기 위해 뺄셈식이 적용된다. 예를 들어 다음을 살펴보자.

형은 도넛 8개, 동생은 3개를 가지고 있다.
(1) 형은 동생보다 도넛 몇(□)개를 더 많이 가지고 있는가?
(2) 동생은 형보다 도넛 몇(□)개를 더 적게 가지고 있는가?

두 물음 모두 하나의 똑같은 뺄셈식 8−3=□로 나타낼 수 있는데, 이를 다음과 같은 덧셈식으로도 나타낼 수 있다.

3+□=8

이때 더하는 수를 미지수인 □로 표기하여 이를 문장으로 나타내면 다음과 같다.

동생의 도넛 3개에서 몇(□)개의 도넛을 더 가지면 형의 도넛과 개수가 같을까?

수직선 위에 이를 다음과 같이 나타낼 수 있다.

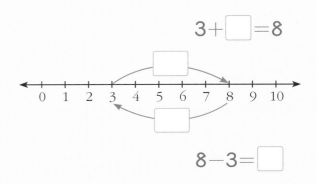

두 수의 차이를 □가 들어간 덧셈식과 뺄셈식으로 나타냄으로써 뺄셈은 결국 덧셈과 다르지 않다는 '덧셈과 뺄셈의 관계'를 보여준다.

등호의 도입

단원 제목이 〈덧셈식과 뺄셈식〉이어야 하고, 덧셈식과 뺄셈식은 아이들이 생애 최초로 배우는 수학식이라는 사실을 앞에서 강조했다. 수학 기호가 아이들에게 처음 도입되는 만큼 당연히 세심한 주의가 요구된다.

교과서에서 등호는 "3 더하기 5는 8과 같습니다." 또는 "3과 5의 합은 8입니다."와 같이 형식적으로 기술되어 있다. 하지만 실제로 아이들은 매번 '같습니다'라는 말을 덧붙이는 것이 번거로워 "3 더하기 5는 8"이라고 읽는다.

언어는 사고를 표현하는 수단이지만, 역으로 언어에 의해 사고가 규정되기도 한다. 등호를 이같이 표현하다 보면 좌변과 우변이 같음을 뜻하는 등호의 원래 의미가 희석될 수밖에 없다. 더군다나 수없이 기계적 반복 훈련을 거듭하는 동안 "3 더하기 5는 8"과 같은 말을 자주 사용하다 보니, 등호의 의미를 원래의 뜻과는 달리 '계산의 답'을 뜻하는 것으로 인식하는 오류를 범할 수 있다. 초등학교 4학년 학생들을 대상으로 조사한 결과, 80%의 학생이 등호는 '…는 얼마?'를 뜻하는 것으로 알고 있다는 조사 결과가 있다. 교과서에 쓰인 대로 '같습니다'를 사용하는 아이들은 거의 없다는 것이다.*

---

* 등호에 대한 자세한 설명은 〈당신이 잘 안다고 생각하는 허 찌르는 수학〉 130쪽에 들어 있다.

화살표 식

등호는 부등호와 함께 도입하는 것이 바람직하다. 같지 않음, 즉 크거나 작다는 것을 함께 도입하면 같음의 의미가 강조될 수 있기 때문이다. 그런데 등호의 도입에 앞서 화살표 식이라는 새로운 관계를 먼저 도입하는 것도 하나의 방편일 것이다. 다음과 같이 +기호와 함께 화살표를 나타내어 상황의 변화가 있음을 깨닫게 하자는 것이다.

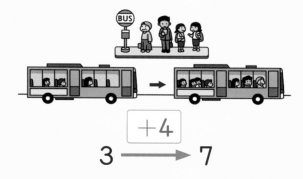

버스 승객 수의 변화를 화살표로 나타냄으로써 +4가 진행되는 흐름을 이해할 수 있다. 연산기호 +와 더하는 수 4가 하나의 덩어리 +4로 표기되어 있음에 주목하자. 4라는 수에 어떤 작용, 즉 덧셈이라는 연산 행위가 이루어진다는 동적인 의미를 강조하려는 의도다. 수직선을 활용하면 실제 연산 과정과 결과를 눈으로 확인하는 효과를 거둘 수도 있다.

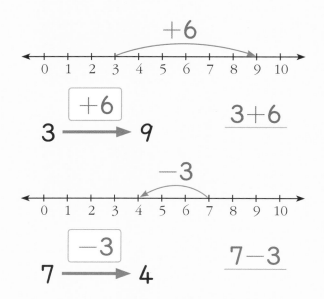

$$5 = 3 \boxed{+2}$$

$$4 = 9 \boxed{-5}$$

이제 화살표를 등호로 대치하는 것만 남았다. 다음 활동은 좌변과 우변이 같음을 쉽고 자연스럽게 이해하는 효과가 있다.

$$6 \xrightarrow{+2} \boxed{8} \implies 6+2 = \boxed{8}$$

$$9 \xrightarrow{-2} \boxed{7} \implies 9-2 = \boxed{7}$$

좌변과 우변이 같음을 확인하기 위한 활동으로 양팔 저울 모델이 매우 유용하다. 굳이 말로 하지 않아도 좌변과 우변이 같음을 삽화에서 시각적으로 파악할 수 있다.

좌변과 우변이 같다는 등호의 의미를 강조하는 이유는 다음과 같은 오류를 범하지 않도록 하기 위한 것이다.

3+3 = 6+4 = 10+3 = 13

이와 같은 오류는 등호를 '양변이 같음'이 아니라 '···는 얼마?'의 뜻으로 받아들이면서 나타난다. 계산 과정을 이어가는 수단으로 등호를 인식한 것이다. 처음 등호를 접할 때 형성된 잘못된 개념이 제대로 교정되지 않으면 심지어 고등학교에서도 계속된다.

등호를 '···는 얼마?'라는 계산의 결과로 인식하는 오류를 방지하기 위한 하나의 활동으로 다음과 같은 문제를 소개한다.

●●●●●● $6=5+1$

●●●●●● $6=$ _____

●●●●●● $6=$ _____

●●●●●● $6=$ _____

●●●●●● $6=$ _____

앞의 가르기 문제를 식으로 나타낸 것으로, 좌변에 있던 수를 우변의 두 수로 가르기할 수 있다. 등호와 + 기호를 사용하여 가르기 활동을 나타냄으로써 등호의 의미를 확인한다. 같은 활동을 10까지의 수에서 충분히 경험하면서 등호를 사용한 덧셈식에 익숙해지고, 동시에 피가수(더해지는 수)와 가수(더하는 수)의 변화에 주목하여 모종의 패턴을 발견하도록 하는 부수적인 효과도 거둘 수 있다.

4일차 덧셈식과 뺄셈식(1)

✏️ 공부한 날짜　월　일

문제 1 | 보기와 같이 ◯ 안에 알맞은 기호를 넣으시오.

보기

$9-2 \; (<) \; 9$

(1) $2+3 \bigcirc 5$

(2) $5+3 \bigcirc 5$

(3) $4-1 \bigcirc 3$

(4) $7+2 \bigcirc 9$

(5) $8-4 \bigcirc 4$

문제 2 | 보기와 같이 ☐ 안에 알맞은 수와 기호를 넣으시오.

보기

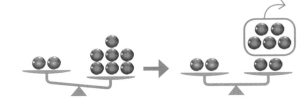

$7=2 \boxed{+5}$　　$2=7 \boxed{-5}$

(1)

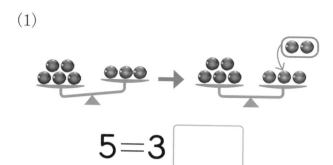

$5=3$ ☐

(2)

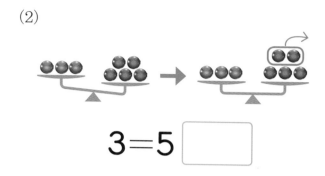

$3=5$ ☐

(3)

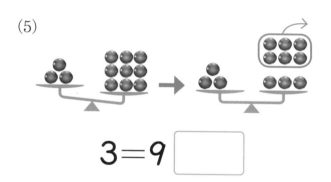

$9=4$ ☐

(4)

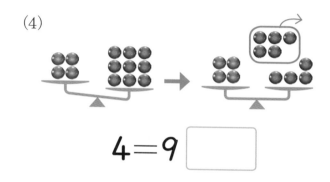

$4=9$ ☐

(5)

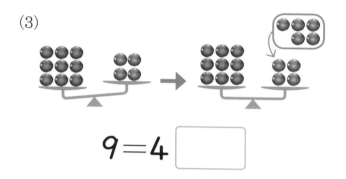

$3=9$ ☐

(6)

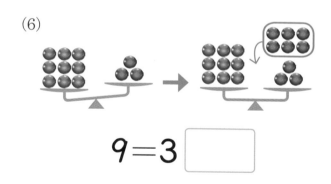

$9=3$ ☐

(7)

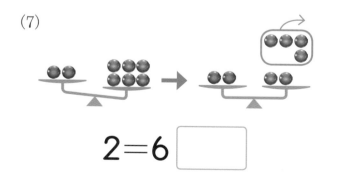

$2=6$ ☐

(8)

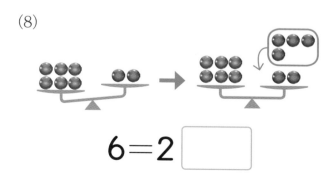

$6=2$ ☐

선생님만 보세요

문제 2 등식에서 등호의 의미를 확인하기 위해 양팔 저울을 이용한다. 일반적인 등식, 예를 들어 2+3=5와 같은 형식이 아닌 5=2+3 과 같은 형식의 등식을 먼저 도입한 이유는 왼쪽에 있는 숫자와 같은 값이 되려면 어떤 기호와 숫자가 필요한가를 파악하도록 하기 위해서이다. 좌변과 우변이 같은 값이라는 등호의 의미를 한 번 더 확인하는 기회를 제공하려는 의도를 담았다. 왼쪽과 오른쪽 구슬의 색이 다름에도 개수를 같게 만드는 것에만 초점을 둔다

문제 3 | 보기와 같이 □ 안에 알맞은 수를 쓰고 덧셈식 또는 뺄셈식으로 나타내시오.

보기

$$6 \xrightarrow{+2} \boxed{8} \Rightarrow \boxed{6+2=8}$$

$$5 \xrightarrow{-1} \boxed{4} \Rightarrow \boxed{5-1=4}$$

(1) $5 \xrightarrow{+1} \boxed{} \Rightarrow \boxed{}$

(2) $9 \xrightarrow{-3} \boxed{} \Rightarrow \boxed{}$

(3) $7 \xrightarrow{-4} \boxed{} \Rightarrow \boxed{}$

(4) $3 \xrightarrow{+2} \boxed{} \Rightarrow \boxed{}$

(5) $2 \xrightarrow{+7} \boxed{} \Rightarrow \boxed{}$

 선생님만 보세요 **문제 3** 화살표 식을 등식으로 나타낸다. 이제부터 본격적으로 등식을 도입한다.

(6) 8 $\xrightarrow{\;-2\;}$ ☐ ➡ ☐

(7) 6 $\xrightarrow{\;-5\;}$ ☐ ➡ ☐

(8) 1 $\xrightarrow{\;+8\;}$ ☐ ➡ ☐

(9) 2 $\xrightarrow{\;+4\;}$ ☐ ➡ ☐

(10) 4 $\xrightarrow{\;-1\;}$ ☐ ➡ ☐

✏ 공부한 날짜   월   일

문제 1 | ☐ 안에 알맞은 수와 식을 넣으시오.

(1) $7 \xrightarrow{+1}$ ☐ ➡ [　　　　　　　]

(2) $4 \xrightarrow{+4}$ ☐ ➡ [　　　　　　　]

(3) $9 \xrightarrow{-7}$ ☐ ➡ [　　　　　　　]

(4) $8 \xrightarrow{-6}$ ☐ ➡ [　　　　　　　]

선생님만 보세요   **문제 1** 화살표 식의 등식 표현을 복습한다.

문제 2 | 보기와 같이 □ 안에 알맞은 기호와 수를 넣고, 덧셈식 또는 뺄셈식으로 나타내시오.

보기

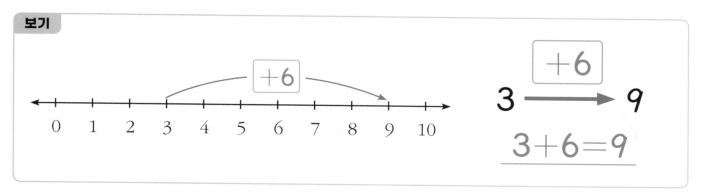

(1)

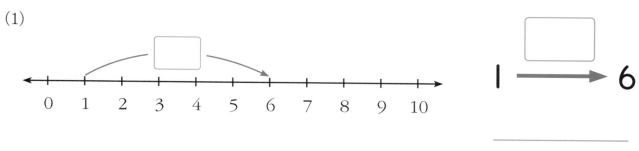

(2)

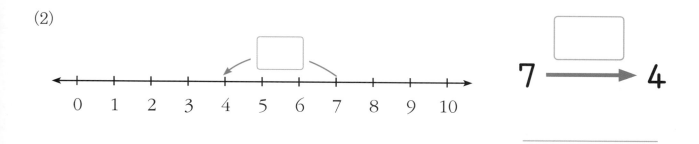

(3)

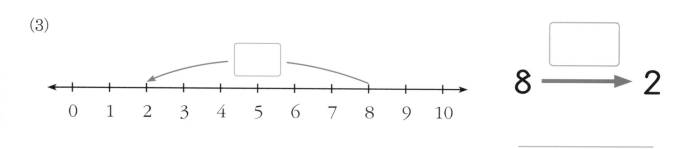

 **문제 2** 수직선에서의 이동을 덧셈식과 뺄셈식으로 나타낸다. 수직선 위에 표시된 숫자보다 뛰어세기를 통한 칸의 수에 주목하도록 한다.

(4)

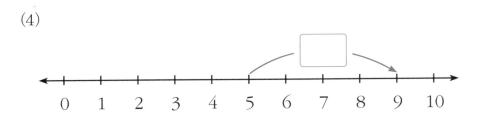

$5 \longrightarrow 9$

_____

(5)

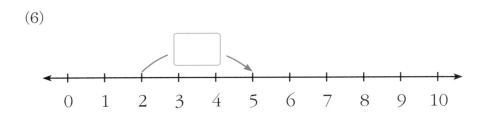

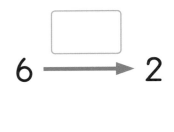

$6 \longrightarrow 2$

_____

(6)

$2 \longrightarrow 5$

_____

문제 3 | 보기와 같이 빈칸을 채우고 덧셈식으로 나타내시오.

보기

6

| 4 | 2 |

$4+2=6$

3	1

| 4 |

$3+1=4$

(1)

3	5

_____

(2)

5	2

_____

(3)

2	7

_____

(4)

3	6

_____

(5)

1	6

_____

(6)

8	1

_____

선생님만 보세요   **문제 3** 모으기 상황을 덧셈식으로 나타낸다.

문제 4 | 보기와 같이 빈칸을 채우고 뺄셈식으로 나타내시오.

보기

6	
2	4

$6-2=4$

3	1
4	

$4-3=1$

(1)

5	
3	

_____

(2)

1	
6	

_____

(3)

2	
3	

_____

(4)

8	
7	

_____

(5)

4	
1	

_____

(6)

2	
9	

_____

선생님만 보세요   **문제 4** 가르기 상황을 뺄셈식으로 나타낸다.

✏️ 공부한 날짜   월   일

문제 1 | 빈칸을 채우고 덧셈식이나 뺄셈식으로 나타내시오.

(1)
_____

(2)
_____

(3)
_____

(4)
_____

문제 2 | 보기와 같이 덧셈식과 뺄셈식으로 나타내시오.

보기

$5+1=6$ $6-1=5$

$7+1=8$ $8-1=7$

(1)
_____   _____

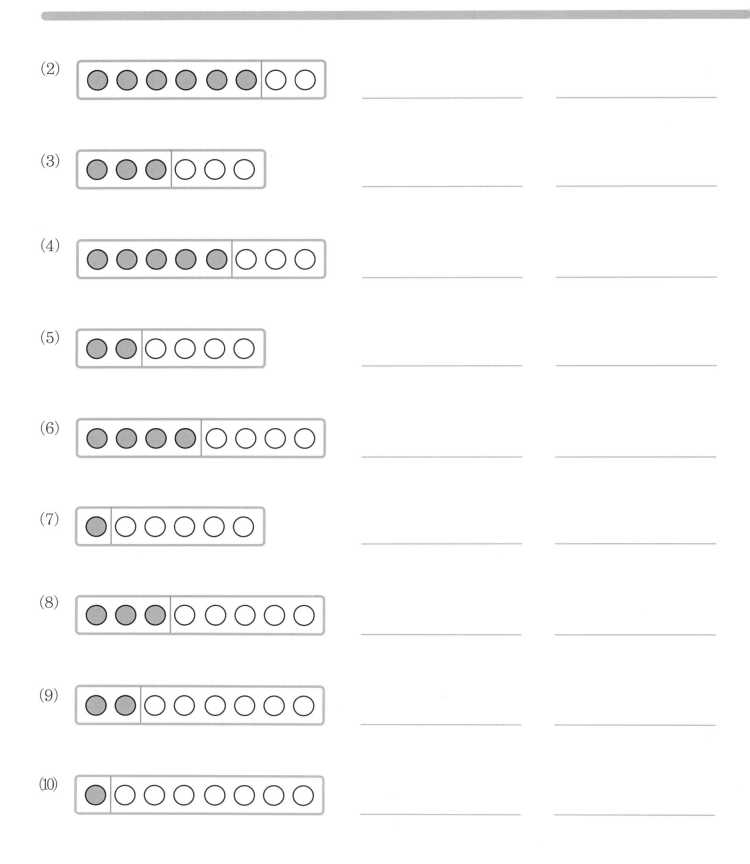

(2)

(3)

(4)

(5)

(6)

(7)

(8)

(9)

(10)

선생님만 보세요

문제 2 구슬 8개와 6개가 되는 덧셈식을 각각 뺄셈식으로 나타낸다. 실제 활동은 가르기와 모으기와 다르지 않지만, 이를 덧셈식과 뺄셈식의 등식이라는 수학식으로 표현한다. 가르기와 모으기가 그렇듯이 덧셈과 뺄셈의 역의 관계를 이 문제에서 직관적으로 파악할 수도 있다.

문제 3 | 보기와 같이 수직선을 보고 덧셈식이나 뺄셈식으로 나타내시오.

보기

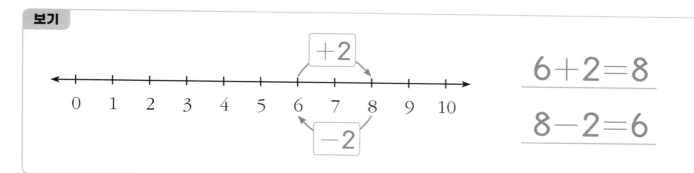

$6+2=8$

$8-2=6$

(1)

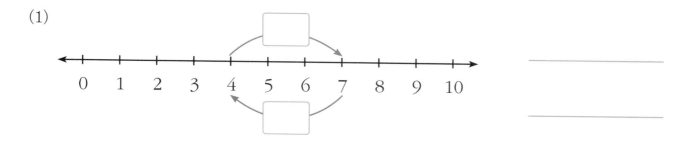

(2)

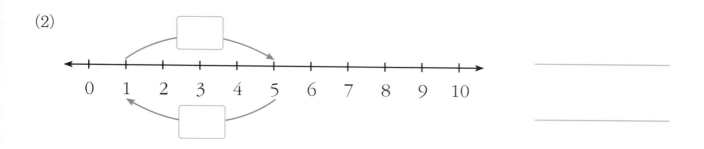

(3)

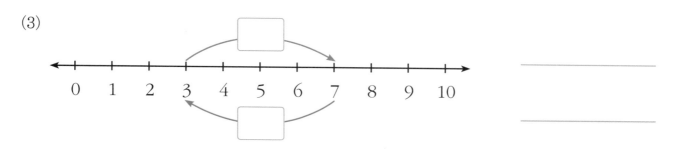

 **선생님만 보세요**　　**문제 3** 수직선에서 덧셈식을 뺄셈식으로 나타내며 덧셈과 뺄셈의 역의 관계를 익힌다.

(4)

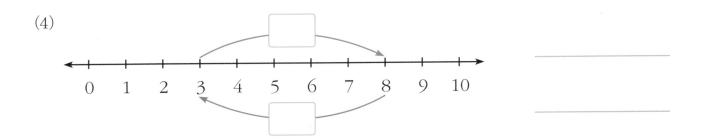

(5)

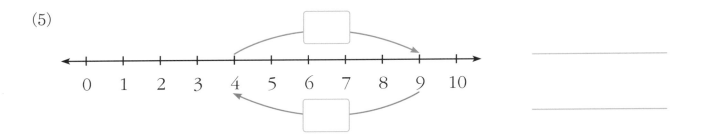

✎ 공부한 날짜   월   일

문제 1 │ 수직선을 보고 덧셈식과 뺄셈식으로 나타내시오.

(1)

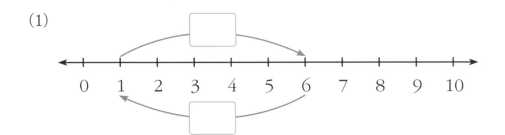

_____

_____

(2)

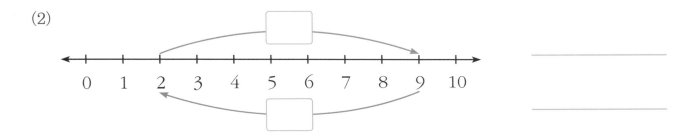

_____

_____

문제 2 │ 보기와 같이 덧셈식과 뺄셈식으로 나타내시오.

보기

$6+1=7$ $7-1=6$

$8+1=9$ $9-1=8$

(1)

_____   _____

선생님만 보세요   **문제 1** 수직선에서 덧셈과 뺄셈의 역의 관계를 복습한다.

(2)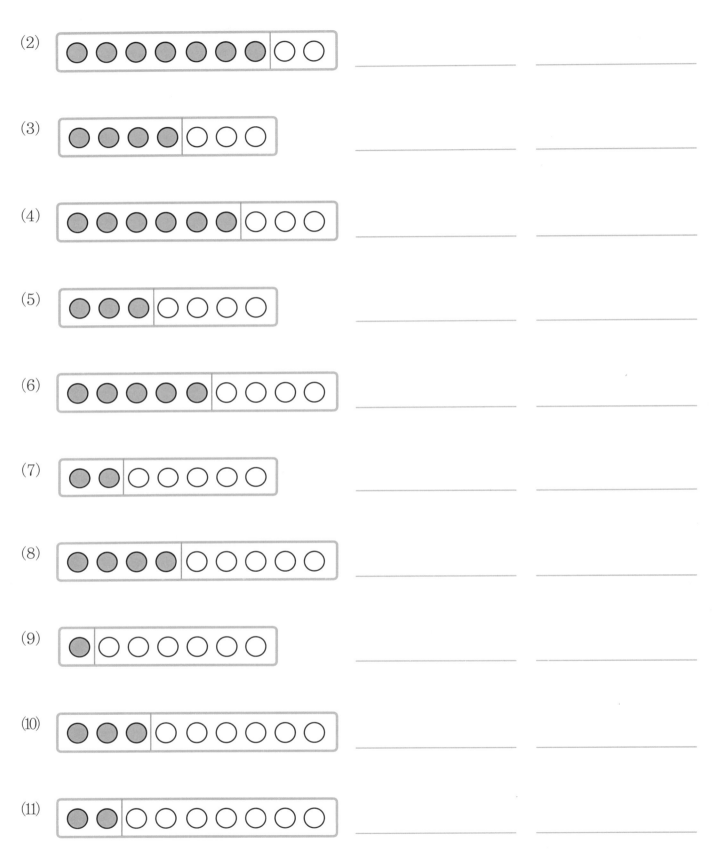

(3)

(4)

(5)

(6)

(7)

(8)

(9)

(10)

(11)

 **문제 2** 구슬 9개와 7개가 되는 덧셈식을 각각 뺄셈식으로 나타내며 덧셈과 뺄셈의 역의 관계를 익힌다

문제 3 | 덧셈식으로 나타내고, 주사위 눈을 더한 수가 같은 것끼리 선으로 연결하시오.

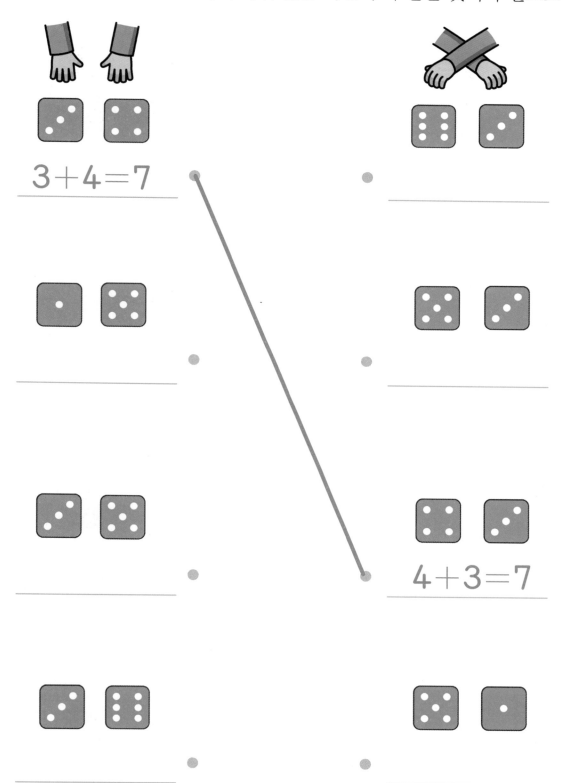

 **문제 3** 주사위 눈의 합을 덧셈식으로 나타내며 덧셈의 교환법칙을 익힌다. 이번에도 교환법칙이라는 용어를 사용하지 않는다. 숫자를 바꿔 더하여도 값이 같다는 사실만 이해하면 충분하다.

137

문제 4 | 덧셈식으로 나타내고, 구슬을 더한 수가 같은 것끼리 선으로 연결하시오.

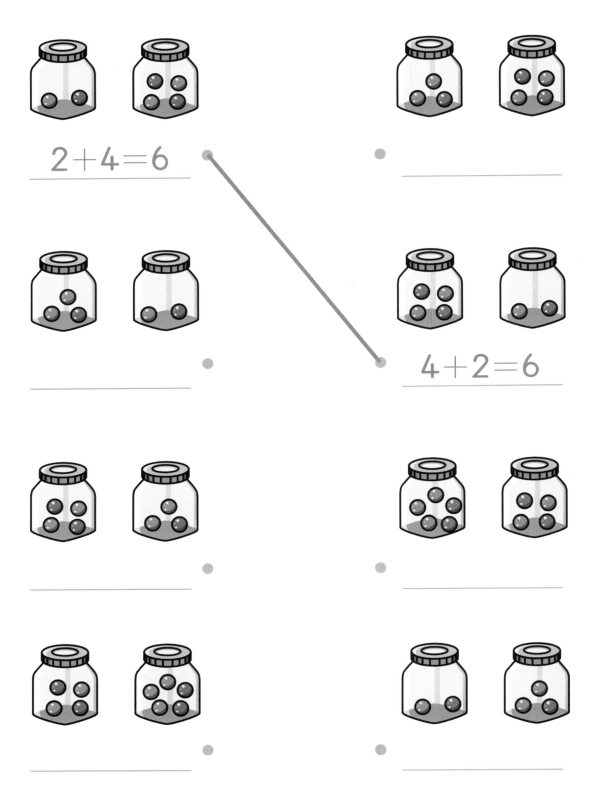

 **선생님만 보세요**   **문제 4** 두 병에 들어 있는 구슬 개수의 합을 덧셈식으로 나타내며 덧셈의 교환법칙을 익힌다. 앞에서와 같이 교환법칙이라는 용어는 사용하지 않고 숫자를 바꿔 더하여도 값이 같다는 사실만 이해하면 충분하다.

한자리수의 덧셈과 뺄셈 연습 (1)

🖉 공부한 날짜　　월　　일

문제 1 | 보기와 같이 ☐ 안에 알맞은 수를 넣으시오.

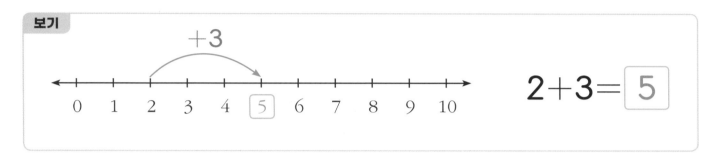

보기

$$2+3=\boxed{5}$$

(1) $3+2=\boxed{}$　　　　　(2) $1+4=\boxed{}$

(3) $4+5=\boxed{}$　　　　　(4) $5+3=\boxed{}$

(5) $1+8=\boxed{}$　　　　　(6) $6+2=\boxed{}$

문제 2 | 직접 채점을 하고, 틀린 답을 바르게 고치시오.

(1) $2+1=\cancel{4}\,3$　　　(2) Ⓞ $6+2=8$　　　(3) $5+2=3$

(4) $4+4=8$　　　(5) $3+5=3$　　　(6) $2+5=7$

선생님만 보세요

문제 1 한 자리 수의 덧셈 연습 문제다. 수직선을 떠올리며 덧셈을 할 수 있도록 수직선 그림을 보기와 함께 제시하였다.

문제 2 채점을 당하는 입장에서 채점자의 역할 바꾸기를 문제로 제시했다. 정답과 오답의 판별은 단순 계산 이상의 지적 활동을 요하므로 덧셈식과 뺄셈식 표현의 좋은 활동이다.

문제 3 | 보기와 같이 ☐ 안에 알맞은 수를 넣으시오.

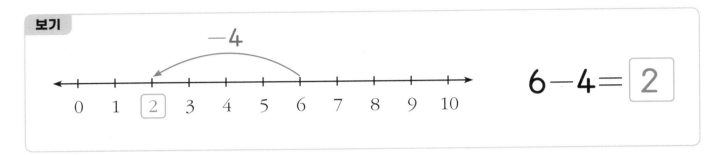

보기

$$6-4=\boxed{2}$$

(1) $6-5=$ ☐

(2) $7-4=$ ☐

(3) $4-3=$ ☐

(4) $5-2=$ ☐

(5) $9-7=$ ☐

(6) $8-6=$ ☐

문제 4 | 직접 채점을 하고, 틀린 답을 바르게 고치시오.

(1) $9-4=\cancel{3}\ 5$

(2) $6-3=3$

(3) $7-2=9$

(4) $4-2=6$

(5) $5-3=2$

(6) $9-6=7$

선생님만 보세요

문제 3 한 자리 수의 뺄셈 연습 문제다. 수직선을 떠올리며 뺄셈을 할 수 있도록 보기에서 수직선 그림을 함께 제시하였다. 이하의 문제를 해결할 때에도 수직선을 참조하라는 의도를 담았다.

문제 4 정답과 오답의 판별은 단순 계산 이상의 지적 활동을 요한다. 앞의 [2]와 같은 문제다.

✏️ 공부한 날짜   월   일

문제 1 | 다음을 계산하시오.

(1) $7+2=$ ☐

(2) $4+4=$ ☐

(3) $2+5=$ ☐

(4) $8+1=$ ☐

(5) $3+3=$ ☐

(6) $5+4=$ ☐

(7) $1+6=$ ☐

(8) $3+4=$ ☐

(9) $6+3=$ ☐

(10) $2+2=$ ☐

문제 2 | 직접 채점을 하고, 틀린 답을 바르게 고치시오.

(1) $3+4=$ ~~6~~ 7

(2) ⓞ $4+5=9$

(3) $5+2=3$

(4) $2+5=7$

(5) $1+2=3$

(6) $4+5=8$

문제 1 한 자리 수의 덧셈 연습 문제다.

문제 2 스스로 채점자의 역할을 하며 덧셈을 연습한다. 정답과 오답의 판별은 단순 계산 이상의 지적 활동을 요한다.

(7) $6+3=6$

(8) $5+4=4$

(9) $5+2=7$

(10) $4+2=2$

(11) $1+1=2$

(12) $8+1=8$

문제 3 | 보기와 같이 덧셈을 하시오.

보기

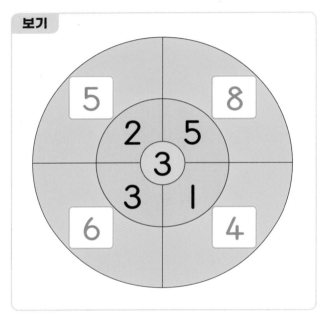

(1)

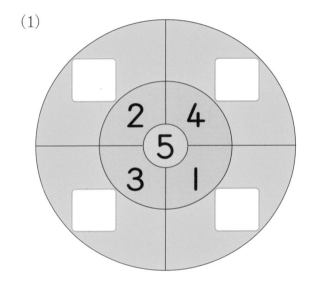

(2)

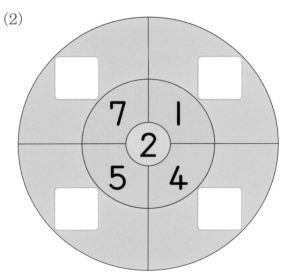

(3)

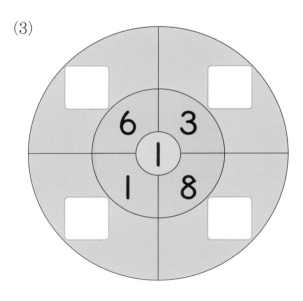

(4)

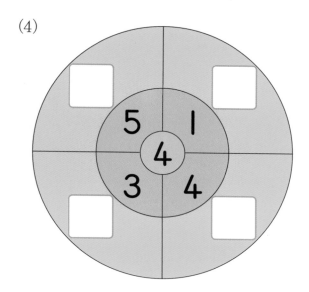

(5)

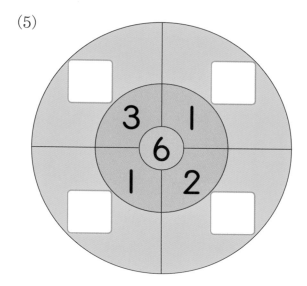

한 자리수의 덧셈과 뺄셈 연습(3)

✏️ 공부한 날짜   월   일

문제 1 | 다음을 계산하시오.

(1) $7-2=$ ☐

(2) $8-3=$ ☐

(3) $4-1=$ ☐

(4) $6-2=$ ☐

(5) $8-5=$ ☐

(6) $5-4=$ ☐

(7) $9-2=$ ☐

(8) $6-3=$ ☐

(9) $5-1=$ ☐

(10) $9-5=$ ☐

문제 2 | 직접 채점을 하고, 틀린 답을 바르게 고치시오.

(1) $4-3=\cancel{2}\,1$

(2) $5-2=3$

(3) $9-2=8$

(4) $9-1=8$

(5) $4-2=2$

(6) $6-1=7$

문제 1 한 자리 수의 뺄셈 연습 문제다.

문제 2 스스로 채점자의 역할을 하며 뺄셈을 연습한다.

(7) $6-5=1$

(8) $7-4=4$

(9) $9-3=6$

(10) $5-1=6$

(11) $2-1=3$

(12) $9-2=7$

문제 3 | 보기와 같이 뺄셈을 하시오.

보기

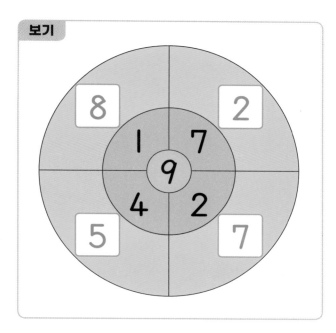

(1)

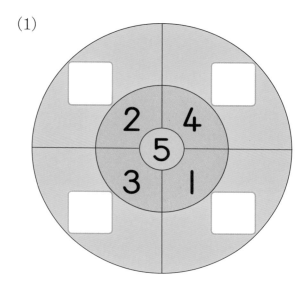

(2)

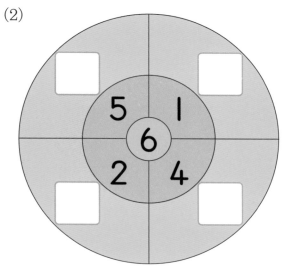

(3)

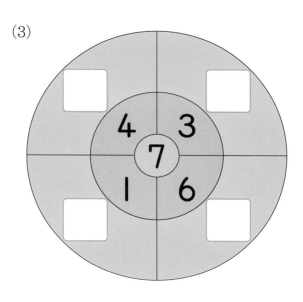

 **문제 3** 보기를 통해 먼저 뺄셈 문제임을 확인해야 한다. 물론 □+1=9와 같은 덧셈으로 인식할 수 있지만, 실제로 9-1=□라는 뺄셈 문제다.

(4)

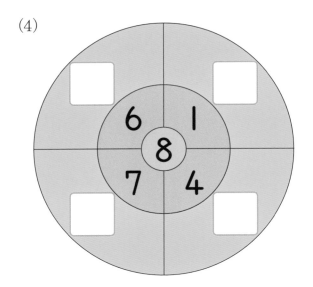

(5)

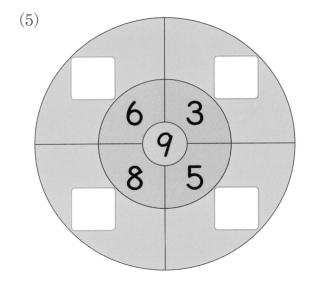

✏️ 공부한 날짜   월   일

문제 1 | 더해서 10이 되도록 카드를 연결하시오.

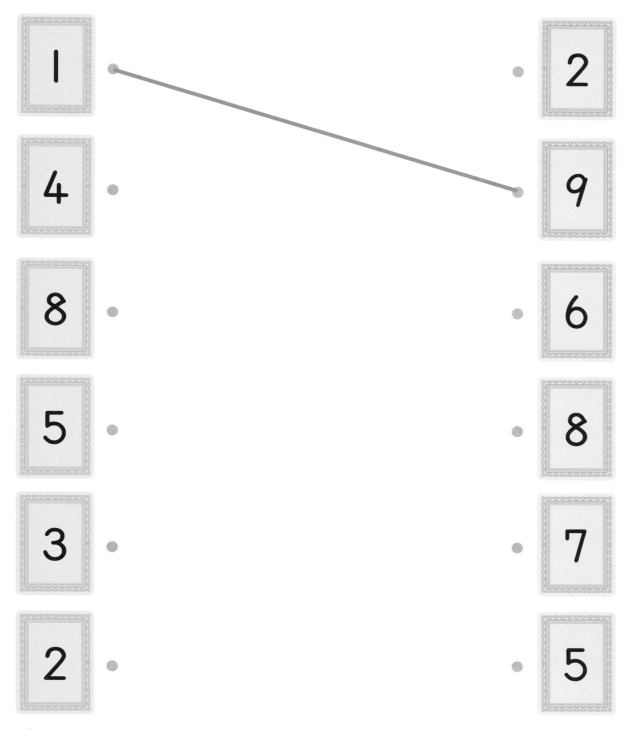

 선생님만 보세요

문제 1 더하여 10이 되는 두 수 찾기 문제다. 한 자리 수의 덧셈 이후에 7+5와 같은 받아올림이 있는 덧셈에서 7과 3 또는 5와 5를 먼저 더하여 10을 만들어야 한다. 받아올림을 위한 준비 단계다.

문제 2 | 보기와 같이 10이 되는 덧셈식으로 나타내시오.

보기

$$8+2=10$$

(1)

_____

(2)

_____

(3)

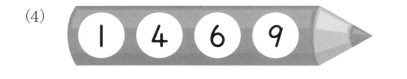

_____

(4)

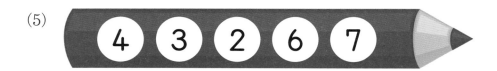

_____   _____

(5)

_____   _____

선생님만 보세요 **문제 2** 앞의 문제와 같지만, 먼저 제시된 네 개 수에서 더하여 10이 되는 두 수를 찾아야 한다. 그리고 이를 덧셈식으로 표현한다.

148

(6) 7 2 5 8 5

_____ _____

(7) 8 9 5 1 2

_____ _____

(8) 6 3 5 5 4

_____ _____

(9) 1 7 9 3 5

_____ _____

10 만들기 (2)

문제 1 | 더해서 10이 되도록 카드를 연결하시오.

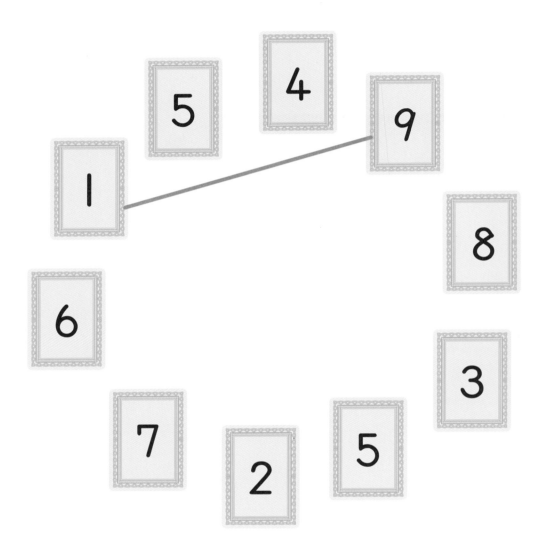

문제 2 | 보기와 같이 10이 되는 덧셈식으로 나타내시오.

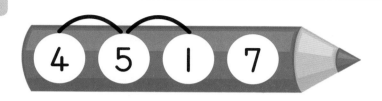

$$4+5+1=10$$

(1)

_____

(2)

_____

(3)

_____

(4)

_____

(5)

_____

 **선생님만 보세요** **문제 2** 제시된 네 개 수에서 더하여 10이 되는 세 개의 수를 찾아 이를 덧셈식으로 표현한다. 시간이 필요할 수 있다. 즉각 답을 구하지 못하고 시행착오를 거듭해야 답을 구할 수 있기 때문이다. 충분한 시간을 주어야 한다.

문제 3 | 보기와 같이 둘 또는 세 개의 수를 더하여 10이 되는 덧셈식으로 나타내시오.

보기

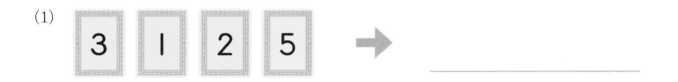

$$4+4+2=10$$

$$8+2=10$$

(1)

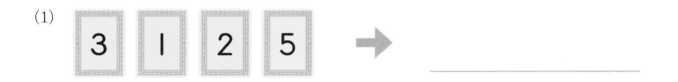

(2)

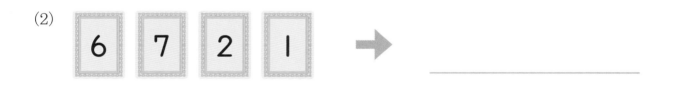

(3)

(4)

문제 3 앞의 문제와 같은 유형이지만 두 수의 합이 10이 되는 것까지 찾아야 한다. 역시 시간을 충분히 주어야 한다. 같은 숫자로 순서를 바꾼 덧셈식은 하나의 식으로 간주한다.

(5)

(6)

보충문제

문제 1 | 보기와 같이 ☐ 안에 알맞은 수 또는 기호를 넣으시오.

보기

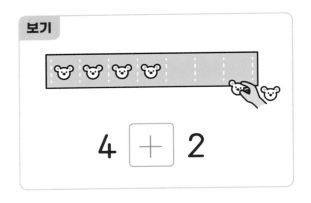

$$4 \boxed{+} 2$$

(1)

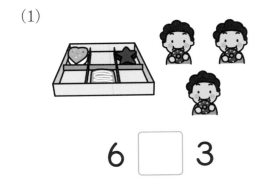

$$6 \boxed{} 3$$

(2)

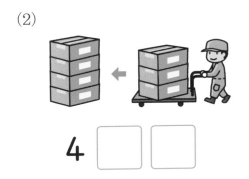

$$4 \boxed{} \boxed{}$$

(3)

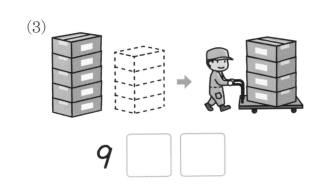

$$9 \boxed{} \boxed{}$$

(4)

$$\boxed{} 3$$

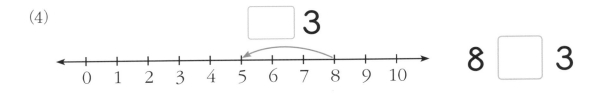

$$8 \boxed{} 3$$

(5)

$$\boxed{} 5$$

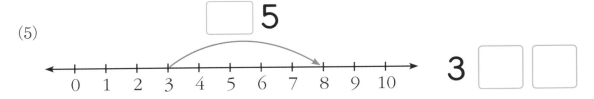

$$3 \boxed{} \boxed{}$$

문제 2 | 빈칸에 알맞은 숫자나 기호를 넣으시오.

(1)

(2)

(3)

 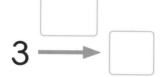

(4)

 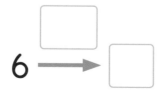

(5)

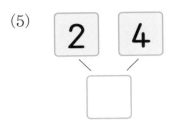

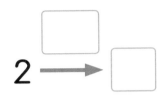

(6)

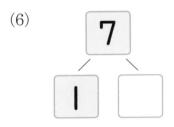

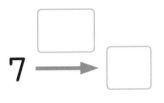

문제 3 | ☐ 안에 알맞은 수 또는 기호를 넣으시오.

(1)

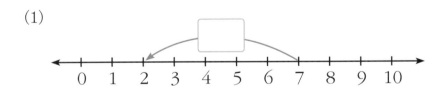

(2)

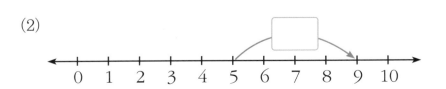

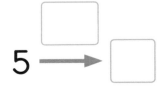

(3)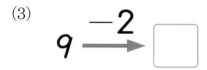

(4)

(5)

$$4 \xrightarrow{+2} \boxed{}$$

(6)

$$3 \xrightarrow{+6} \boxed{}$$

문제 4 | ☐ 안에 알맞은 수 또는 기호를 넣으시오.

(1)

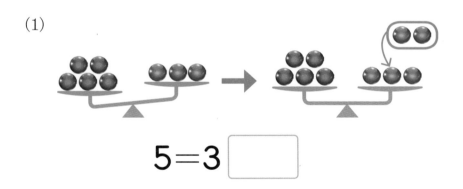

$$5 = 3 \boxed{}$$

(2)

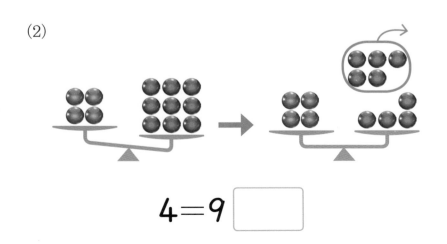

$$4 = 9 \boxed{}$$

(3)

$9 \xrightarrow{-2}$ ☐ ➡ ☐

(4)

$3 \xrightarrow{+5}$ ☐ ➡ ☐

문제 5 | 보기와 같이 ☐ 안에 알맞은 기호와 수를 넣고 덧셈식 또는 뺄셈식으로 나타내시오.

보기

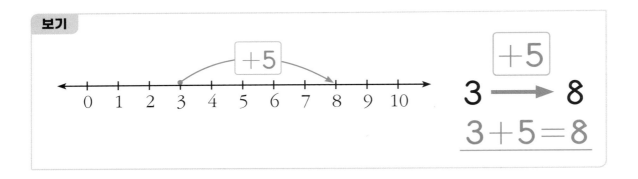

(1)

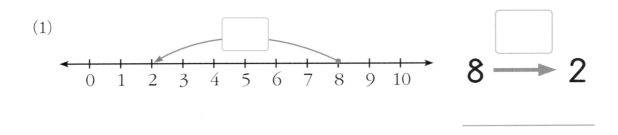

(2)

6	l

_____

(3)

2	7

_____

(4)

5	
2	

_____

(5)

	8
l	

_____

문제 6 | 덧셈식과 **뺄셈식**으로 나타내시오.

(1)

_____   _____

(2)

_____   _____

(3)

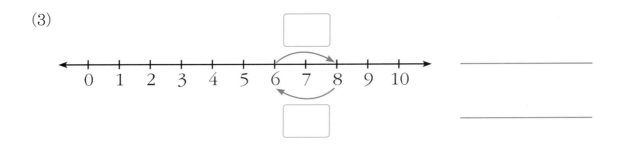

_____

_____

(4)

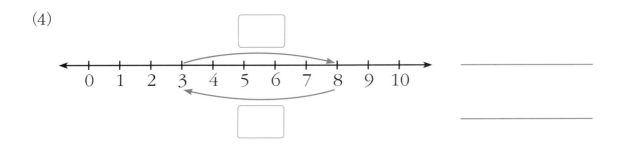

_____

_____

(5)

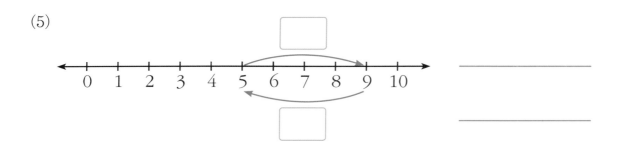

_____

_____

(6)

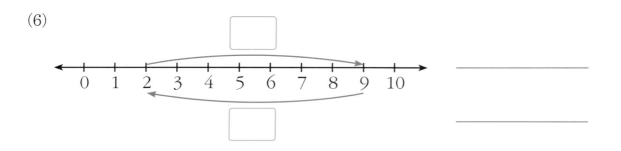

_____

_____

문제 7 | 덧셈식을 써넣고 주사위 눈을 더한 수가 같은 것끼리 선으로 연결하시오.

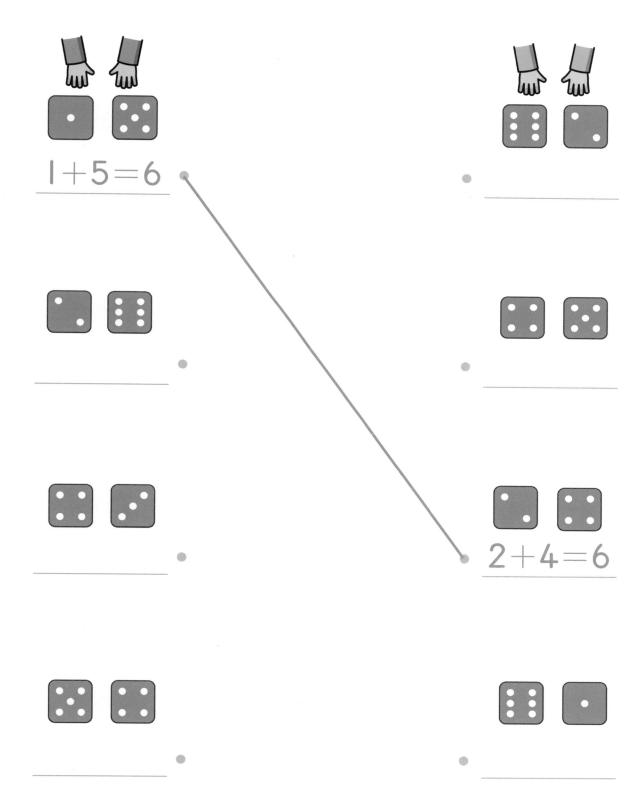

$1+5=6$

$2+4=6$

보충문제

문제 8 | 다음을 계산하시오.

(1) $2+3=\boxed{}$　　(2) $3+3=\boxed{}$

(3) $5-1=\boxed{}$　　(4) $7-2=\boxed{}$

문제 9 | 직접 채점을 하고, 틀린 답을 바르게 고치시오.

(1) $4+3=1$　　(2) $2+4=6$

(3) $9-3=5$　　(4) $8-4=2$

문제 10 │ 보기와 같이 덧셈을 하시오.

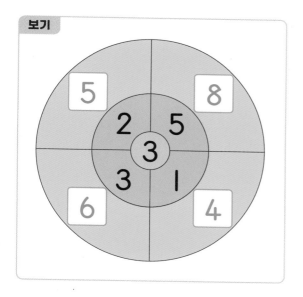

(1)

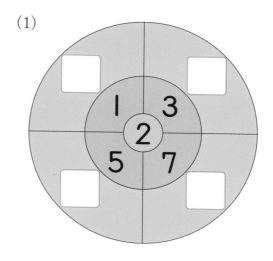

(2)

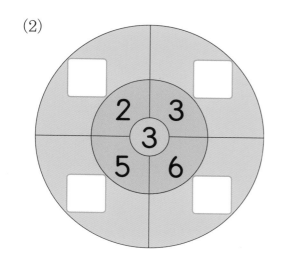

(3)

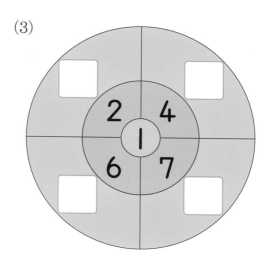

문제 11 | 직접 채점을 하고, 틀린 답을 바르게 고치시오.

(1) $2+3=7$

(2) $3+4=7$

(3) $5+2=7$

(4) $5-3=1$

(5) $7-4=3$

(6) $6-1=5$

문제 12 | 10을 만드는 덧셈식 두 개를 써넣으시오.

(1)

2 3 4 7 8

_____ _____

(2)

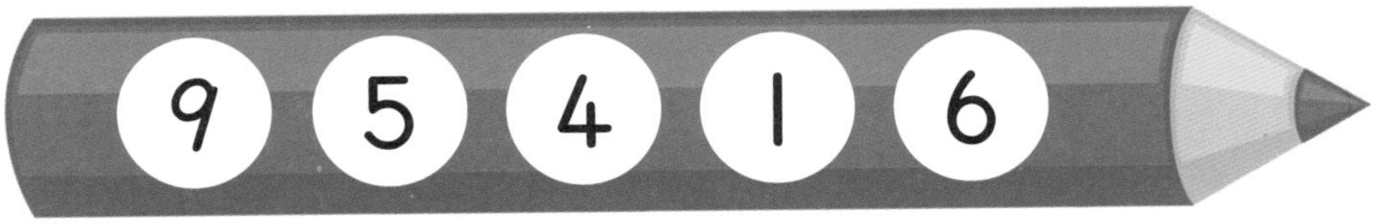

9 5 4 1 6

_____ _____

(3)

_____   _____

문제 13 | 두 개 또는 세 개의 수를 더하여 10을 만드는 덧셈식을 모두 써넣으시오.

(1)

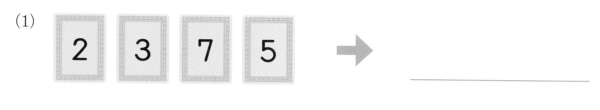

(2)

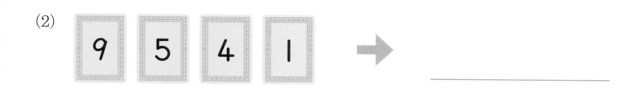

(3)

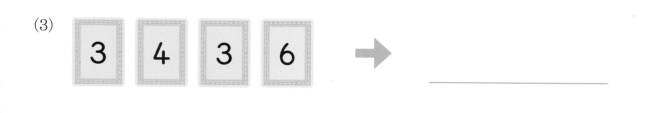

1 9까지의 **수 감각**

14p

15p

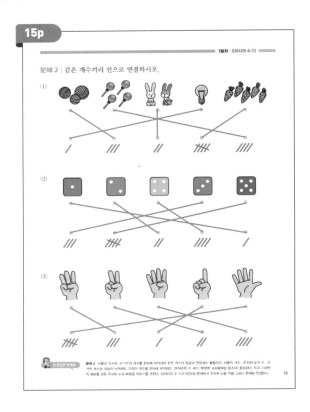

16p

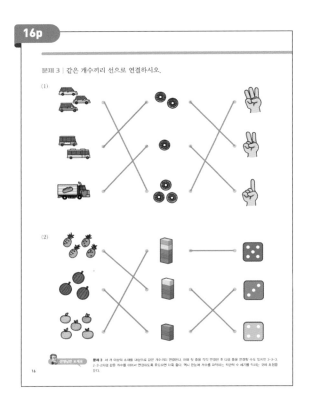

17p

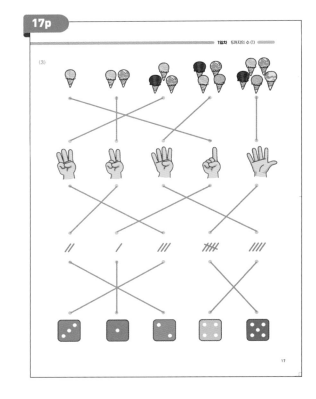

문제 4 | 개수만큼 빗금을 그으시오.

보기

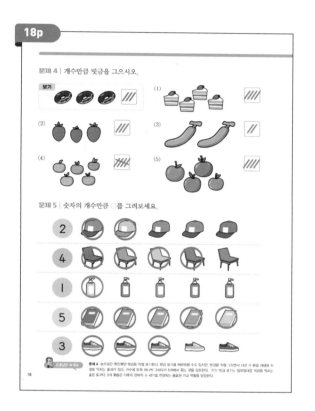

문제 5 | 숫자의 개수만큼 ○를 그려보세요.

1일차 | 5까지의 수 (1)

문제 6 | 개수를 세어 □ 안에 알맞은 수를 넣으시오.

보기

2 일차   5까지의 수 (2) 수 세기 단어

✏ 공부한 날짜   월   일

문제 1 | 물건의 개수를 세어 □ 안에 알맞은 수를 넣으시오.

문제 2 | 보기와 같이 □ 안에 알맞은 수와 글을 써넣으시오.

보기

➕ 정답 ➗

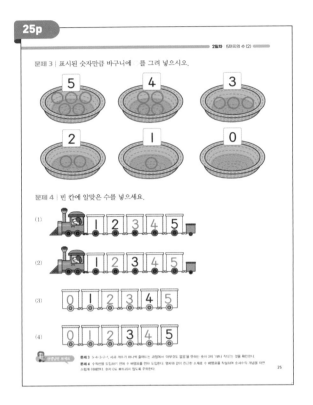

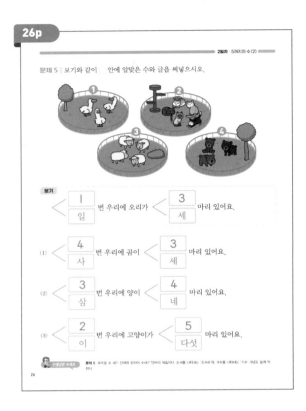

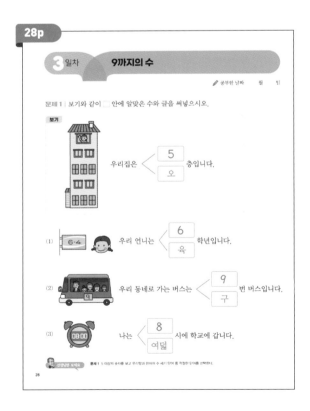

문제 3 | 알맞는 위치에 선으로 연결하시오.

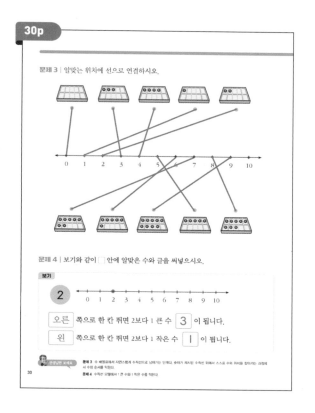

문제 4 | 보기와 같이 ☐ 안에 알맞은 수와 글을 써넣으시오.

보기

2

0 1 2 3 4 5 6 7 8 9 10

오른 쪽으로 한 칸 뛰면 2보다 1 큰 수 3 이 됩니다.

왼 쪽으로 한 칸 뛰면 2보다 1 작은 수 1 이 됩니다.

선생님의 포인트 문제 3 수 배열표에서 자연스럽게 수직선으로 넘어가는 단계로, 숫자가 제시된 수직선 위에서 스스로 수의 위치를 찾아가는 과정에서 수의 순서를 익힌다.
문제 4 수직선 모델에서 1 큰 수와 1 작은 수를 익힌다.

30

(1) 4

0 1 2 3 4 5 6 7 8 9 10

오른 쪽으로 한 칸 뛰면 4보다 1 큰 수 5 가 됩니다.

왼 쪽으로 한 칸 뛰면 4보다 1 작은 수 3 이 됩니다.

(2) 6

0 1 2 3 4 5 6 7 8 9 10

오른 쪽으로 한 칸 뛰면 6보다 1 큰 수 7 이 됩니다.

왼 쪽으로 한 칸 뛰면 6보다 1 작은 수 5 가 됩니다.

(3) 3

0 1 2 3 4 5 6 7 8 9 10

오른 쪽으로 한 칸 뛰면 3보다 1 큰 수 4 가 됩니다.

왼 쪽으로 한 칸 뛰면 3보다 1 작은 수 2 가 됩니다.

31

(4) 8

0 1 2 3 4 5 6 7 8 9 10

오른 쪽으로 한 칸 뛰면 8보다 1 큰 수 9 가 됩니다.

왼 쪽으로 한 칸 뛰면 8보다 1 작은 수 7 이 됩니다.

(5) 5

0 1 2 3 4 5 6 7 8 9 10

오른 쪽으로 한 칸 뛰면 5보다 1 큰 수 6 이 됩니다.

왼 쪽으로 한 칸 뛰면 5보다 1 작은 수 4 가 됩니다.

(6) 7

0 1 2 3 4 5 6 7 8 9 10

오른 쪽으로 한 칸 뛰면 7보다 1 큰 수 8 이 됩니다.

왼 쪽으로 한 칸 뛰면 7보다 1 작은 수 6 이 됩니다.

32

(7) 1

0 1 2 3 4 5 6 7 8 9 10

오른 쪽으로 한 칸 뛰면 1보다 1 큰 수 2 가 됩니다.

왼 쪽으로 한 칸 뛰면 1보다 1 작은 수 0 이 됩니다.

문제 5 | ☐ 안에 알맞은 수를 써넣으시오.

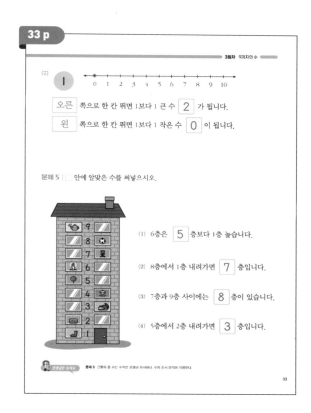

(1) 6층은 5 층보다 1층 높습니다.

(2) 8층에서 1층 내려가면 7 층입니다.

(3) 7층과 9층 사이에는 8 층이 있습니다.

(4) 5층에서 2층 내려가면 3 층입니다.

선생님의 포인트 문제 5 건물의 층 수는 수직선 모델과 유사하므로 수의 순서 파악에 이용한다.

33

169

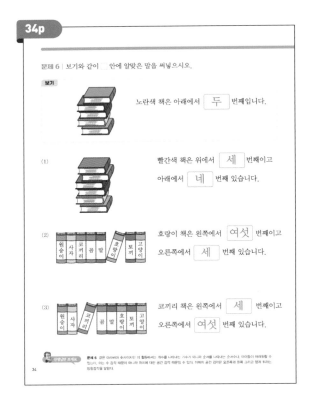정답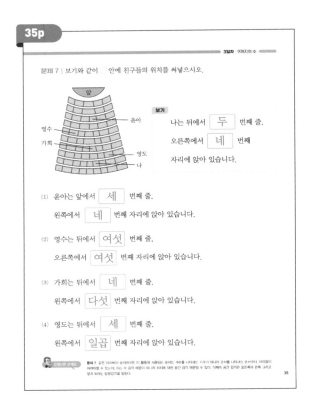

문제 6 | 보기와 같이 　 안에 알맞은 말을 써넣으시오.

보기

노란색 책은 아래에서 　두　 번째입니다.

(1) 빨간색 책은 위에서 　세　 번째이고
아래에서 　네　 번째 있습니다.

(2) 호랑이 책은 왼쪽에서 　여섯　 번째이고
오른쪽에서 　세　 번째 있습니다.

(3) 코끼리 책은 왼쪽에서 　세　 번째이고
오른쪽에서 　여섯　 번째 있습니다.

문제 7 | 보기와 같이 　 안에 친구들의 위치를 써넣으시오.

보기

나는 뒤에서 　두　 번째 줄.
오른쪽에서 　네　 번째
자리에 앉아 있습니다.

(1) 윤아는 앞에서 　세　 번째 줄.
왼쪽에서 　네　 번째 자리에 앉아 있습니다.

(2) 영수는 뒤에서 　여섯　 번째 줄.
오른쪽에서 　여섯　 번째 자리에 앉아 있습니다.

(3) 가희는 뒤에서 　네　 번째 줄.
왼쪽에서 　다섯　 번째 자리에 앉아 있습니다.

(4) 영도는 뒤에서 　세　 번째 줄.
왼쪽에서 　일곱　 번째 자리에 앉아 있습니다.

보충문제

문제 1 | 같은 개수끼리 선으로 연결하시오.

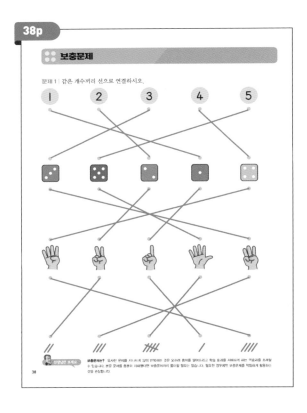

문제 2 | 빈칸에 알맞은 수를 넣으시오.

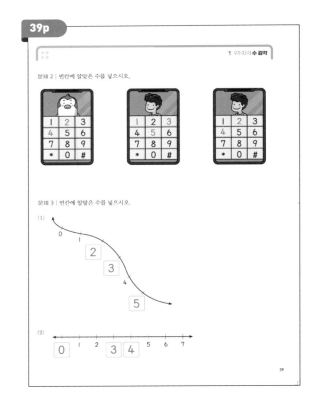

문제 3 | 빈칸에 알맞은 수를 넣으시오.

(1) 0 ... 2 ... 3 ... 4 ... 5

(2) 0 1 2 3 4 5 6 7

⁖⁖ 보충문제

문제 4 | ☐ 안에 알맞은 수를 넣으시오.

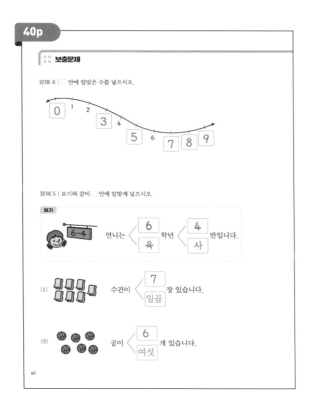

0 ― 1 ― 2 ― 3 ― 4 ― 5 ― 6 ― 7 ― 8 ― 9

문제 5 | 보기와 같이 ☐ 안에 알맞게 넣으시오.

보기

6-4 언니는 ⟨ 6 / 육 ⟩ 학년 ⟨ 4 / 사 ⟩ 반입니다.

(1) 수건이 ⟨ 7 / 일곱 ⟩ 장 있습니다.

(2) 공이 ⟨ 6 / 여섯 ⟩ 개 있습니다.

40

1 9까지의 수 감각

(3) 나는 ⟨ 3 / 세 ⟩ 시에 학교를 갑니다.

(4) 이 버스는 우리 동네로 가는 ⟨ 7 / 칠 ⟩ 번 버스입니다.

버스에 사람이 ⟨ 5 / 다섯 ⟩ 명 타고 있습니다.

41

⁖⁖ 보충문제

문제 6 | 보기와 같이 빈칸에 알맞은 순서를 쓰시오.

보기

넷째

(1) 둘째 ... 여덟째

(2) 일곱째 ... 셋째

42

1 9까지의 수 감각

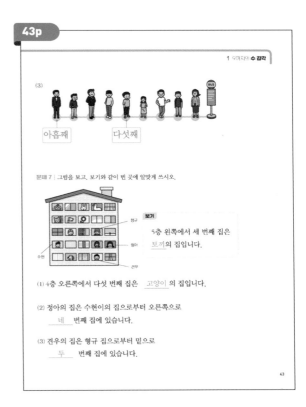

(3) 아홉째 ... 다섯째

문제 7 | 그림을 보고, 보기와 같이 빈 곳에 알맞게 쓰시오.

보기

5층 왼쪽에서 세 번째 집은 토끼의 집입니다.

(1) 4층 오른쪽에서 다섯 번째 집은 고양이 의 집입니다.

(2) 정아의 집은 수현이의 집으로부터 오른쪽으로 네 번째 집에 있습니다.

(3) 견우의 집은 형규 집으로부터 밑으로 두 번째 집에 있습니다.

43

171

+ 정답 ÷

2 9까지의 수, 모으기와 가르기

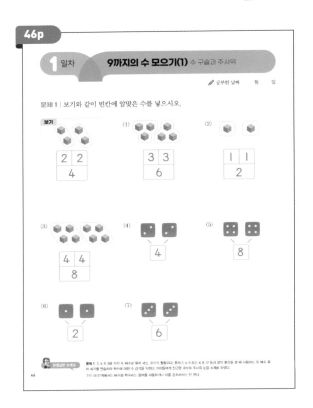

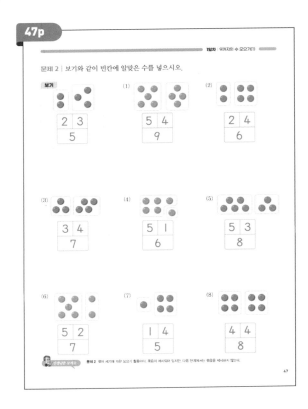

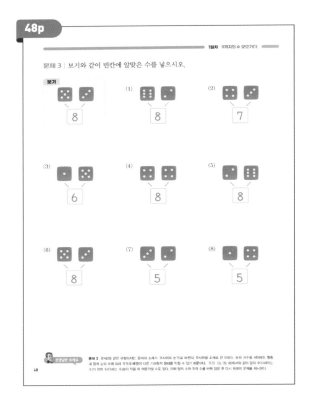

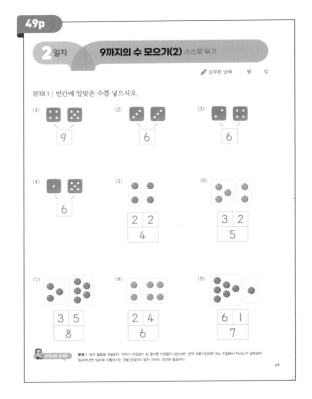

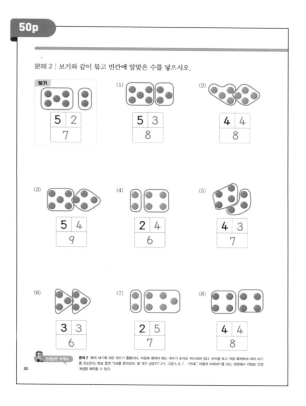

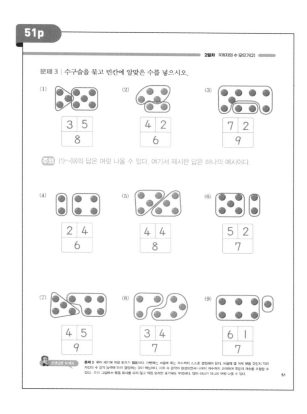

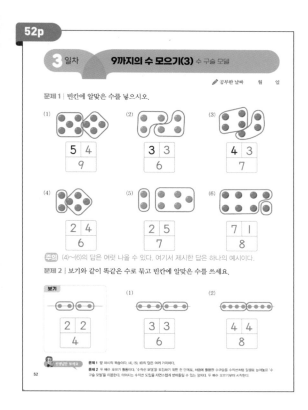

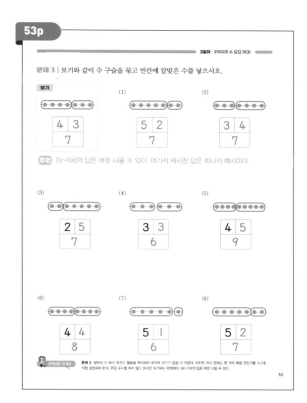

÷ 정답 ÷

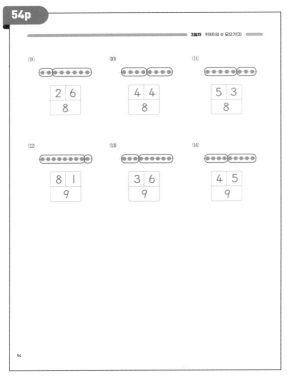

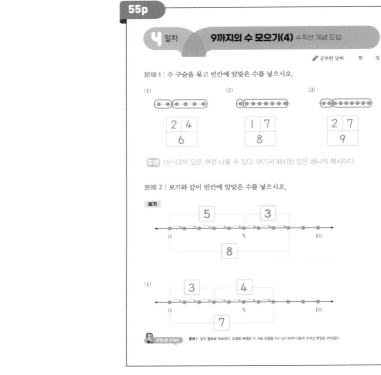

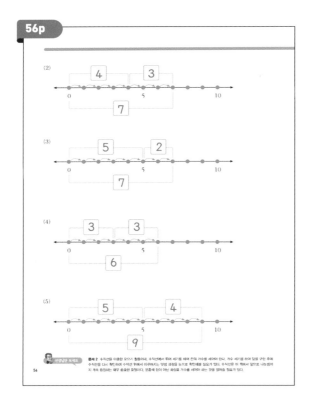

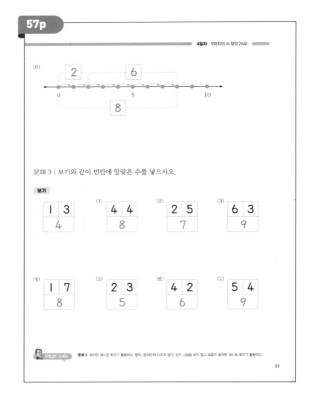

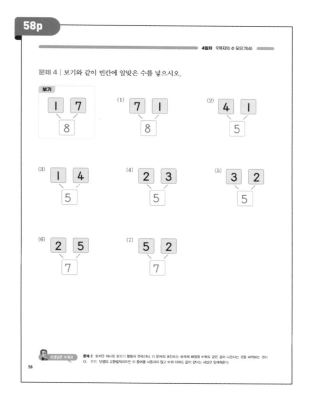

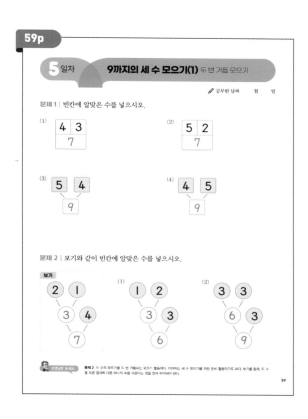

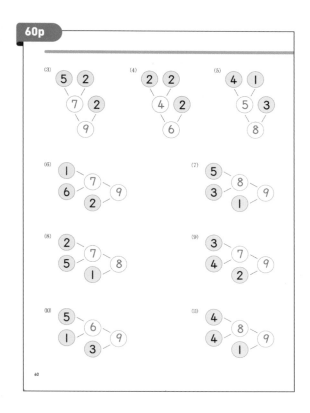

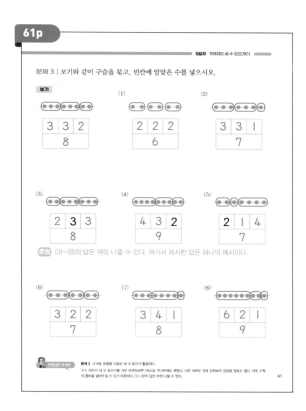

➕ 정답 ➗

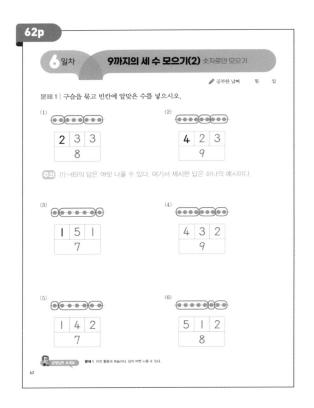

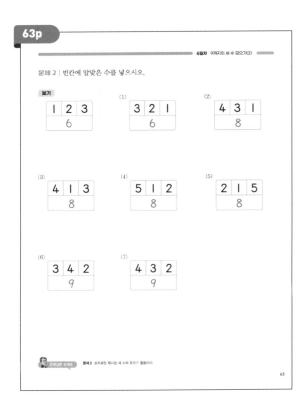

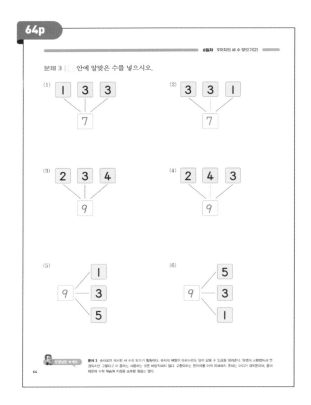

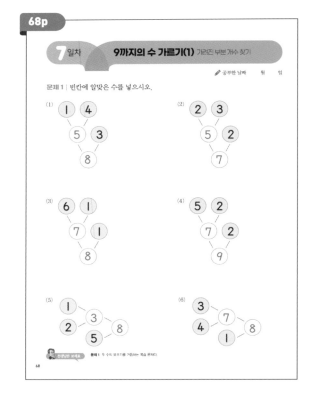

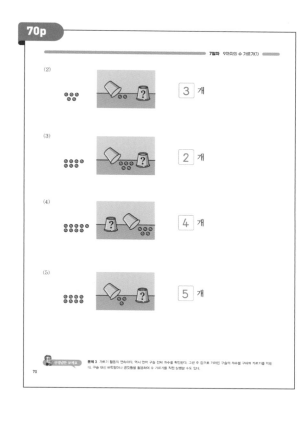

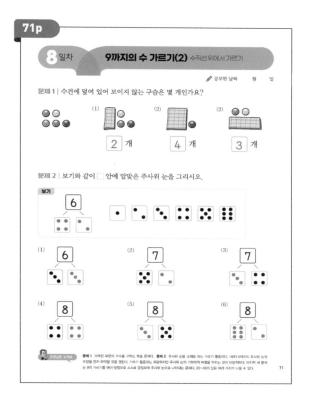

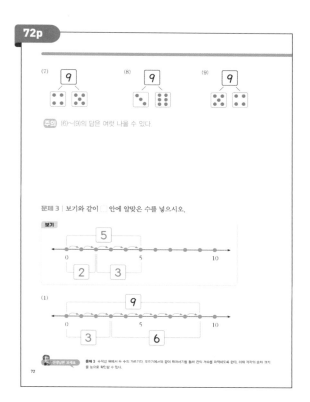

➕ 정답 ➗

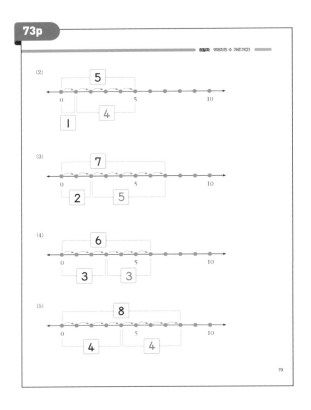

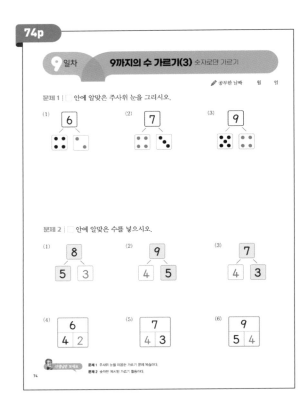

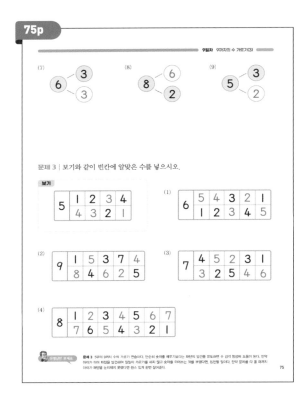

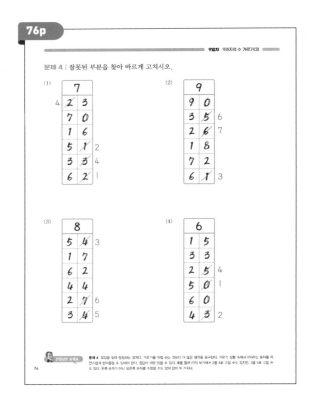

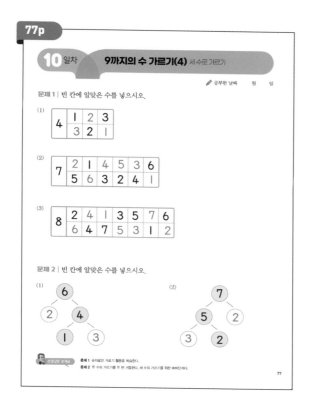

77p

10 일차 9까지의 수 가르기(4) 세 수로 가르기

✏️ 공부한 날짜   월   일

문제 1 | 빈 칸에 알맞은 수를 넣으시오.

(1)

4	1	2	3
	3	2	1

(2)

7	2	1	4	5	3	6
	5	6	3	2	4	1

(3)

8	2	4	1	3	5	7	6
	6	4	7	5	3	1	2

문제 2 | 빈 칸에 알맞은 수를 넣으시오.

(1) 6 → 2, 4 → 1, 3

(2) 7 → 5, 2 → 3, 2

문제 1 숫자로만 가르기 활동을 복습한다.
문제 2 두 수로 가르기를 두 번 거듭하니, 세 수로 가르기를 위한 예비단계다.

77

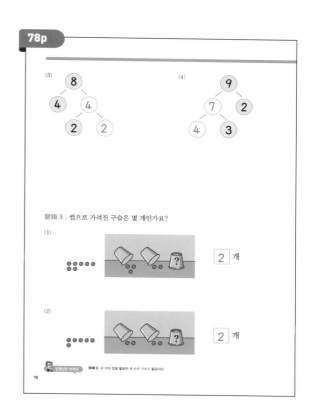

78p

(3) 8 → 4, 4 → 2, 2

(4) 9 → 7, 2 → 4, 3

문제 3 | 컵으로 가려진 구슬은 몇 개인가요?

(1) 2 개

(2) 2 개

문제 3 세 개의 컵을 활용한 세 수의 가르기 활동이다.

78

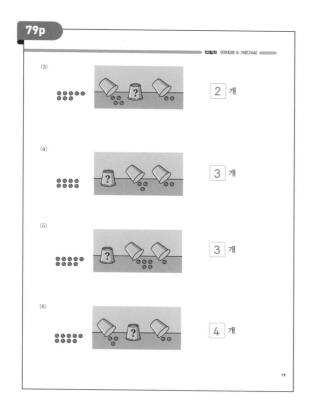

79p

10일차 9까지의 수 가르기(4)

(3) 2 개

(4) 3 개

(5) 3 개

(6) 4 개

79

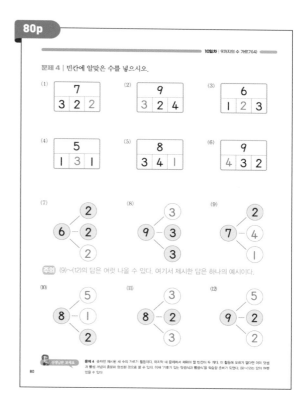

80p

10일차 | 9까지의 수 가르기(4)

문제 4 | 빈칸에 알맞은 수를 넣으시오.

(1)

7		
3	2	2

(2)

9		
3	2	4

(3)

6		
1	2	3

(4)

5		
1	3	1

(5)

8		
3	4	1

(6)

9		
4	3	2

(7) 6 → 2, 2, 2

(8) 9 → 3, 3, 3

(9) 7 → 2, 4, 1

주의 (9)~(12)의 답은 여럿 나올 수 있다. 여기서 제시한 답은 하나의 예시이다.

(10) 8 → 5, 1, 2

(11) 8 → 3, 2, 3

(12) 9 → 5, 2, 2

문제 4 숫자만 제시한 세 수의 가르기 활동이다. 마지막 세 문제에서 세워야 할 빈칸이 두 개다. 이 활동들은 모르는 멀리뛰 이때 앞쪽과 뒤쪽의 칸들이 완성될 것으로 볼 수 있다. 이때 '가르기'있는 앞쪽나와 뒷쪽나'될 익숙히 준비가 되면다. 아나이들은 앞뒤 여쪽 앞을 수 있다

80

179

정답

81p

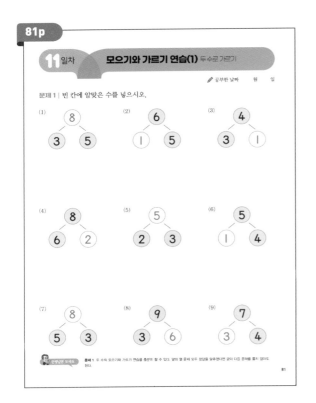

82p

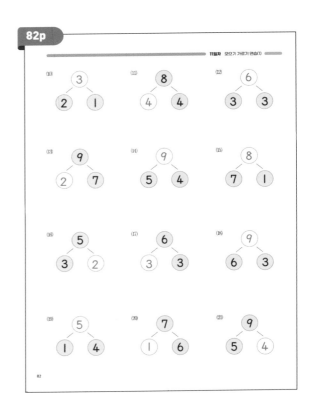

83p

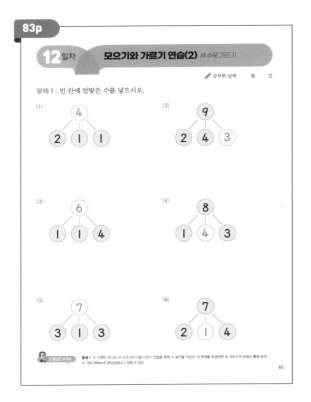

84p

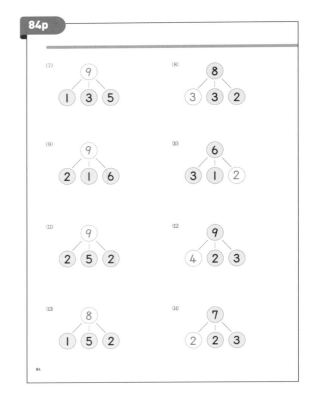

180

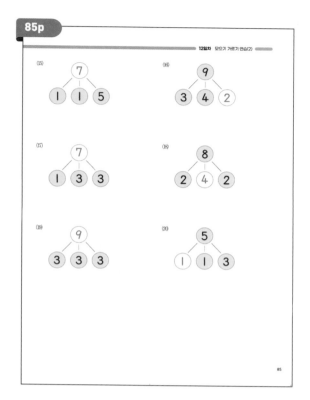

보충문제

2 9까지의 수 모으기와 가르기

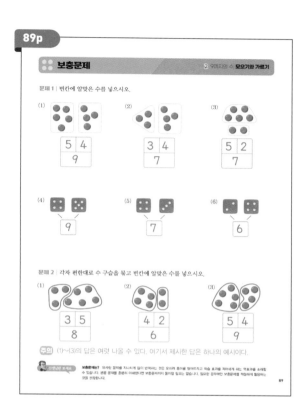

보충문제

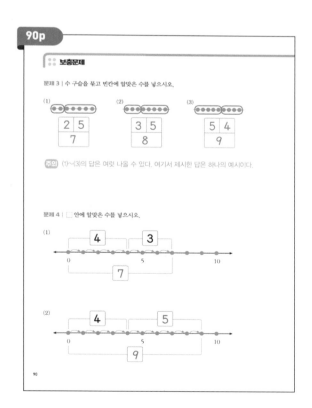

2 9까지의 수 모으기와 가르기

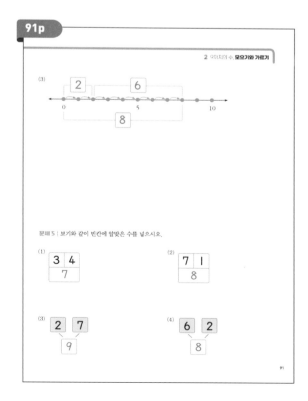

정답

보충문제

문제 6 │ 빈칸에 알맞은 수를 넣으시오.

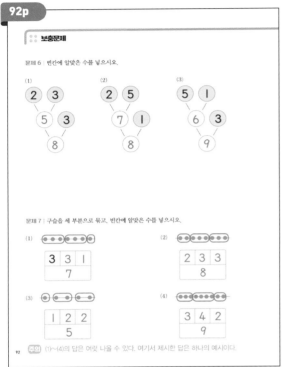

문제 7 │ 구슬을 세 부분으로 묶고, 빈칸에 알맞은 수를 넣으시오.

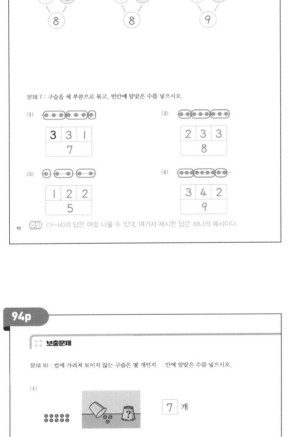

참고 (1)~(4)의 답은 여럿 나올 수 있다. 여기서 제시한 답은 하나의 예시이다.

문제 8 │ 빈칸에 알맞은 수를 넣으시오.

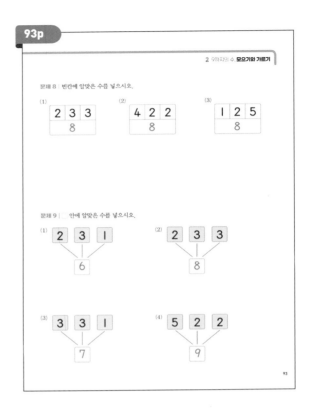

(1)	(2)	(3)
2 3 3	4 2 2	1 2 5
8	8	8

문제 9 │ 안에 알맞은 수를 넣으시오.

(1) 2 3 1 → 6

(2) 2 3 3 → 8

(3) 3 3 1 → 7

(4) 5 2 2 → 9

보충문제

문제 10 │ 컵에 가려져 보이지 않는 구슬은 몇 개인지 안에 알맞은 수를 넣으시오.

(1)

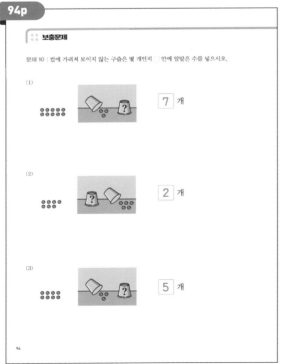

7 개

(2)

2 개

(3)

5 개

문제 11 │ 안에 알맞은 수를 넣으시오.

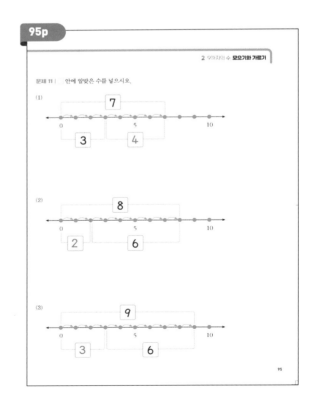

(1)

7

3 4

(2)

8

2 6

(3)

9

3 6

96p

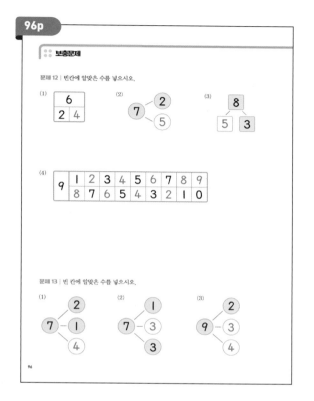

:: 보충문제

문제 12 | 빈칸에 알맞은 수를 넣으시오.

(1)

6	
2	4

(2)

7 — 2
7 — 5

(3)

8
5 3

(4)

9	1	2	3	4	5	6	7	8	9
	8	7	6	5	4	3	2	1	0

문제 13 | 빈 칸에 알맞은 수를 넣으시오.

(1)

2
7 — 1
4

(2)

1
7 — 3
3

(3)

2
9 — 3
4

96

97p

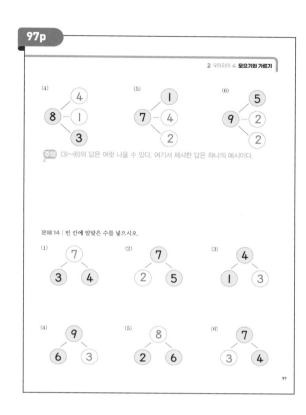

2 9까지의 수 **모으기와 가르기**

(4)

4
8 — 1
3

(5)

1
7 — 4
2

(6)

5
9 — 2
2

주의 (3)~(6)의 답은 여럿 나올 수 있다. 여기서 제시한 답은 하나의 예시이다.

문제 14 | 빈 칸에 알맞은 수를 넣으시오.

(1)

7
3 4

(2)

7
2 5

(3)

4
1 3

(4)

9
6 3

(5)

8
2 6

(6)

7
3 4

97

98p

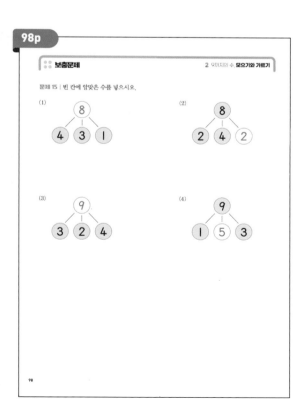

:: 보충문제　　　　2 9까지의 수 **모으기와 가르기**

문제 15 | 빈 칸에 알맞은 수를 넣으시오.

(1)

8
4 3 1

(2)

8
2 4 2

(3)

9
3 2 4

(4)

9
1 5 3

98

3 덧셈식과 뺄셈식

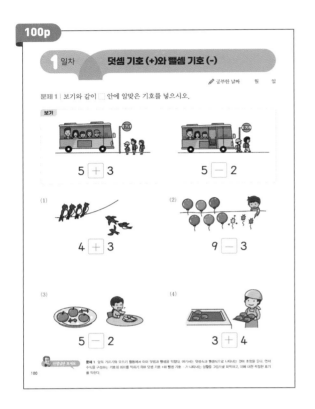

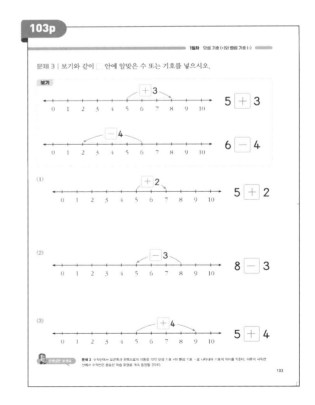

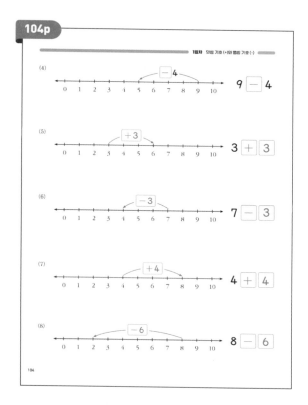

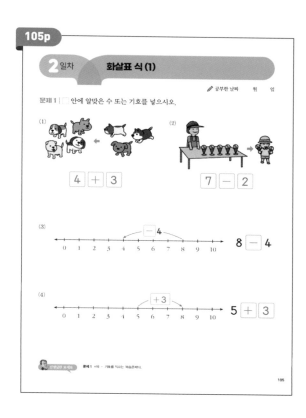

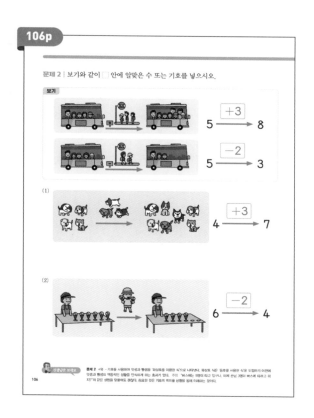

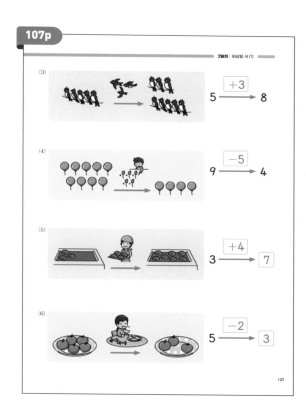

108p

문제 3 | 보기와 같이 빈칸을 채우시오.

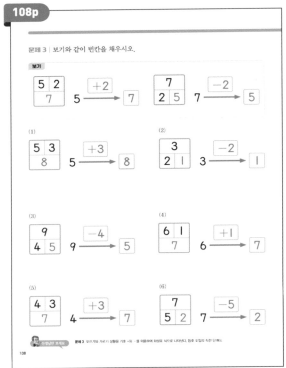

109p

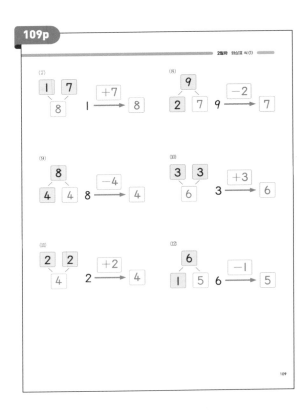

110p

3 일차 화살표 식(2) 그리고 등호와 부등호

🖊 공부한 날짜   월   일

문제 1 | ☐ 안에 알맞은 수 또는 기호를 넣으시오.

문제 2 | 보기와 같이 ☐ 안에 알맞은 수 또는 기호를 넣으시오.

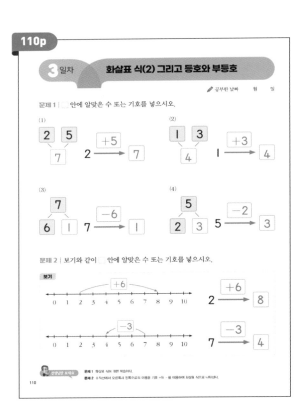

111p

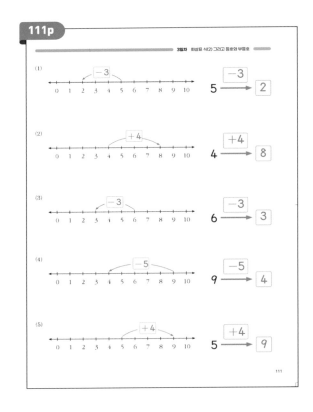

문제 3 □ 안에 알맞은 수를 넣으시오.

(1) $2 \xrightarrow{+6} 8$　　　(2) $4 \xrightarrow{+2} 6$

(3) $6 \xrightarrow{-3} 3$　　　(4) $7 \xrightarrow{-1} 6$

(5) $2 \xrightarrow{+3} 5$　　　(6) $8 \xrightarrow{-6} 2$

(7) $5 \xrightarrow{+4} 9$　　　(8) $1 \xrightarrow{+5} 6$

문제 4 보기와 같이 ○안에 알맞은 기호를 넣으시오.

보기

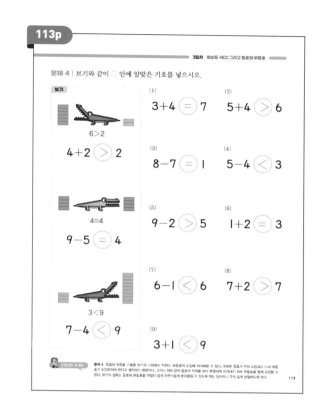

$6>2$　$4+2 \gt 2$

$4=4$　$9-5 = 4$

$3<9$　$7-4 \lt 9$

(1) $3+4 = 7$　　　(2) $5+4 \gt 6$

(3) $8-7 = 1$　　　(4) $5-4 \lt 3$

(5) $9-2 \gt 5$　　　(6) $1+2 = 3$

(7) $6-1 \lt 6$　　　(8) $7+2 \gt 7$

(9) $3+1 \lt 9$

4일차　덧셈식과 뺄셈식(1)

공부한 날짜　월　일

문제 1 보기와 같이 ○안에 알맞은 기호를 넣으시오.

보기　$9-2 \lt 9$

(1) $2+3 = 5$　　　(2) $5+3 \gt 5$

(3) $4-1 = 3$　　　(4) $7+2 = 9$　　　(5) $8-4 = 4$

문제 2 보기와 같이 □안에 알맞은 수와 기호를 넣으시오.

보기

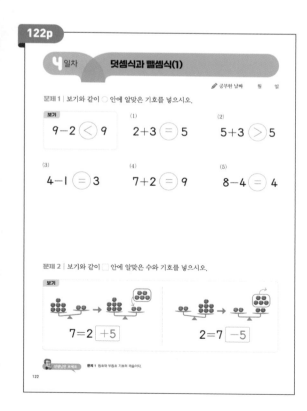

$7=2 \boxed{+5}$　　　$2=7 \boxed{-5}$

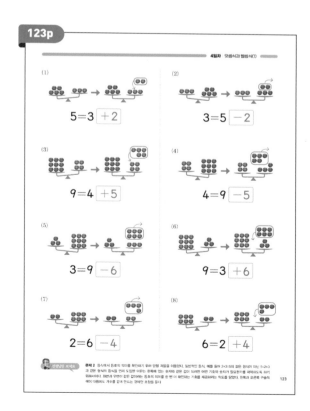

(1) $5=3 \boxed{+2}$　　　(2) $3=5 \boxed{-2}$

(3) $9=4 \boxed{+5}$　　　(4) $4=9 \boxed{-5}$

(5) $3=9 \boxed{-6}$　　　(6) $9=3 \boxed{+6}$

(7) $2=6 \boxed{-4}$　　　(8) $6=2 \boxed{+4}$

➕ 정답 ➗

124p

문제 3 | 보기와 같이 ☐ 안에 알맞은 수를 쓰고 덧셈식 또는 뺄셈식으로 나타내시오.

보기

$6 \xrightarrow{+2} \boxed{8} \Rightarrow \boxed{6+2=8}$

$5 \xrightarrow{-1} \boxed{4} \Rightarrow \boxed{5-1=4}$

(1) $5 \xrightarrow{+1} \boxed{6} \Rightarrow \boxed{5+1=6}$

(2) $9 \xrightarrow{-3} \boxed{6} \Rightarrow \boxed{9-3=6}$

(3) $7 \xrightarrow{-4} \boxed{3} \Rightarrow \boxed{7-4=3}$

(4) $3 \xrightarrow{+2} \boxed{5} \Rightarrow \boxed{3+2=5}$

(5) $2 \xrightarrow{+7} \boxed{9} \Rightarrow \boxed{2+7=9}$

문제 3 과상도 식을 등식으로 나타낸다. 이에부터 본격적으로 등식을 도입한다.

124

125p

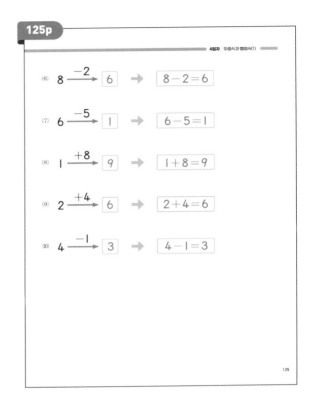

(6) $8 \xrightarrow{-2} \boxed{6} \Rightarrow \boxed{8-2=6}$

(7) $6 \xrightarrow{-5} \boxed{1} \Rightarrow \boxed{6-5=1}$

(8) $1 \xrightarrow{+8} \boxed{9} \Rightarrow \boxed{1+8=9}$

(9) $2 \xrightarrow{+4} \boxed{6} \Rightarrow \boxed{2+4=6}$

(10) $4 \xrightarrow{-1} \boxed{3} \Rightarrow \boxed{4-1=3}$

125

126p

5일차   덧셈식과 뺄셈식(2)

✏️ 공부한 날짜   월   일

문제 1 | ☐ 안에 알맞은 수와 식을 넣으시오.

(1) $7 \xrightarrow{+1} \boxed{8} \Rightarrow \boxed{7+1=8}$

(2) $4 \xrightarrow{+4} \boxed{8} \Rightarrow \boxed{4+4=8}$

(3) $9 \xrightarrow{-7} \boxed{2} \Rightarrow \boxed{9-7=2}$

(4) $8 \xrightarrow{-6} \boxed{2} \Rightarrow \boxed{8-6=2}$

문제 1 과상도 식을 등식 표현을 복습한다.

126

127p

문제 2 | 보기와 같이 ☐ 안에 알맞은 기호와 수를 넣고, 덧셈식 또는 뺄셈식으로 나타내시오.

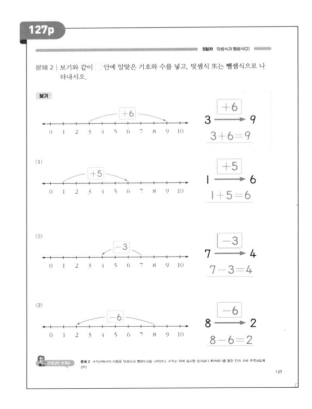

보기

$3 \xrightarrow{\boxed{+6}} 9$

$3+6=9$

(1) $1 \xrightarrow{\boxed{+5}} 6$

$1+5=6$

(2) $7 \xrightarrow{\boxed{-3}} 4$

$7-3=4$

(3) $8 \xrightarrow{\boxed{-6}} 2$

$8-6=2$

문제 2 수직선에서의 이동을 덧셈식과 뺄셈식으로 나타낸다. 수직선 위에 표시된 숫자보다 뛰어세기를 통한 칸의 수에 주목하도록 한다.

127

128p

(4)

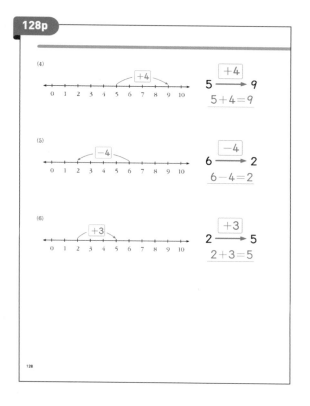

$$+4$$
$$5 \longrightarrow 9$$
$$5+4=9$$

(5)

$$-4$$
$$6 \longrightarrow 2$$
$$6-4=2$$

(6)

$$+3$$
$$2 \longrightarrow 5$$
$$2+3=5$$

129p

5일차 덧셈식과 뺄셈식(2)

문제 3 | 보기와 같이 빈칸을 채우고 덧셈식으로 나타내시오.

보기

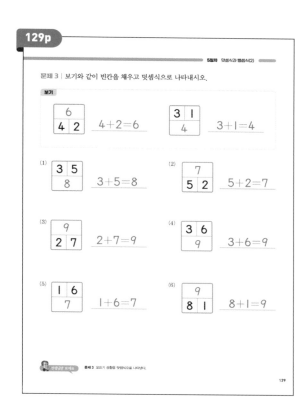

6	
4	2

$$4+2=6$$

3	1
4	

$$3+1=4$$

(1)
3	5
8	

$$3+5=8$$

(2)
7	
5	2

$$5+2=7$$

(3)
9	
2	7

$$2+7=9$$

(4)
3	6
9	

$$3+6=9$$

(5)
1	6
7	

$$1+6=7$$

(6)
9	
8	1

$$8+1=9$$

선생님께 보내요 **문제 3** 모으기 상황을 덧셈식으로 나타낸다.

130p

5일차 덧셈식과 뺄셈식(2)

문제 4 | 보기와 같이 빈칸을 채우고 뺄셈식으로 나타내시오.

보기

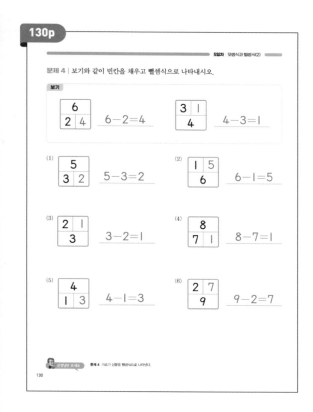

6	
2	4

$$6-2=4$$

3	1
4	

$$4-3=1$$

(1)
5	
3	2

$$5-3=2$$

(2)
1	5
6	

$$6-1=5$$

(3)
2	1
3	

$$3-2=1$$

(4)
8	
7	1

$$8-7=1$$

(5)
4	
1	3

$$4-1=3$$

(6)
2	7
9	

$$9-2=7$$

선생님께 보내요 **문제 4** 가르기 상황을 뺄셈식으로 나타낸다.

131p

6일차   **덧셈과 뺄셈의 관계(1)**

✏️ 공부한 날짜   월   일

문제 1 | 빈칸을 채우고 덧셈식이나 뺄셈식으로 나타내시오.

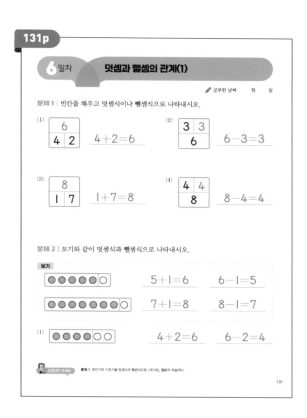

(1)
6	
4	2

$$4+2=6$$

(2)
3	3
6	

$$6-3=3$$

(3)
8	
1	7

$$1+7=8$$

(4)
4	4
8	

$$8-4=4$$

문제 2 | 보기와 같이 덧셈식과 뺄셈식으로 나타내시오.

보기

⚫⚫⚫⚫⚫⚪ $5+1=6$ $6-1=5$

⚫⚫⚫⚫⚫⚫⚪ $7+1=8$ $8-1=7$

(1) ⚫⚫⚫⚫⚪⚪ $4+2=6$ $6-2=4$

선생님께 보내요 **문제 1** 모으기와 가르기를 덧셈식과 뺄셈식으로 나타내는 활동의 복습이다.

➕ 정답 ➗

132p

(2) ●●●●●●○○ $6+2=8$ $8-2=6$

(3) ●●●○○○ $3+3=6$ $6-3=3$

(4) ●●●●●○○○ $5+3=8$ $8-3=5$

(5) ●●○○○○ $2+4=6$ $6-4=2$

(6) ●●●●○○○○ $4+4=8$ $8-4=4$

(7) ●○○○○○ $1+5=6$ $6-5=1$

(8) ●●●○○○○○ $3+5=8$ $8-5=3$

(9) ●●○○○○○○ $2+6=8$ $8-6=2$

(10) ●○○○○○○○ $1+7=8$ $8-7=1$

문제 2 구슬 8개를 6개가 되는 덧셈식을 각각 뺄셈식으로 나타낸다. 실제 활동은 가르기와 모으기에 따르지 않지만, 이를 덧셈식과 뺄셈식의 등식이라는 수학식으로 표현한다. 가르기와 모으기가 고정된 덧셈과 뺄셈의 역의 관계를 이 문제에서 직관적으로 파악할 수도 있다.

132

133p

6일차 덧셈과 뺄셈의 관계(1)

문제 3 | 보기와 같이 수직선을 보고 덧셈식이나 뺄셈식으로 나타내시오.

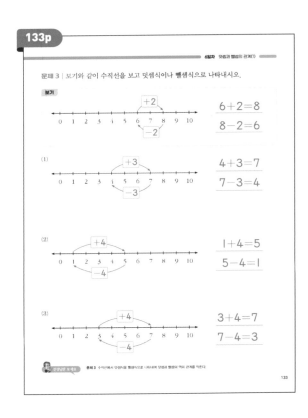

보기
$6+2=8$
$8-2=6$

(1) $4+3=7$ $7-3=4$

(2) $1+4=5$ $5-4=1$

(3) $3+4=7$ $7-4=3$

문제 3 수직선의 덧셈식을 뺄셈식으로 나타내어 덧셈과 뺄셈의 역의 관계를 익힌다.

133

134p

6일차 덧셈과 뺄셈의 관계(1)

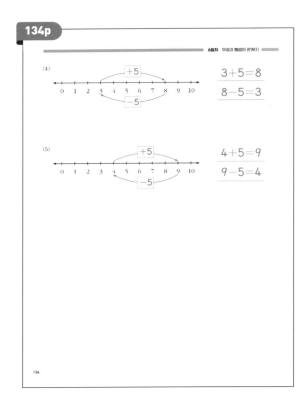

(4) $3+5=8$ $8-5=3$

(5) $4+5=9$ $9-5=4$

134

135p

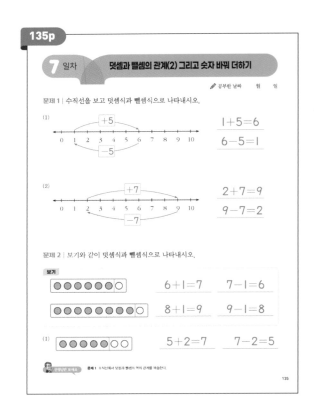

7일차 덧셈과 뺄셈의 관계(2) 그리고 숫자 바꿔 더하기

✏ 공부한 날짜   월   일

문제 1 | 수직선을 보고 덧셈식과 뺄셈식으로 나타내시오.

(1) $1+5=6$ $6-5=1$

(2) $2+7=9$ $9-7=2$

문제 2 | 보기와 같이 덧셈식과 뺄셈식으로 나타내시오.

보기

●●●●●●○ $6+1=7$ $7-1=6$

●●●●●●●●○ $8+1=9$ $9-1=8$

(1) ●●●●●○○ $5+2=7$ $7-2=5$

문제 1 수직선에서 덧셈과 뺄셈의 역의 관계를 학습한다.

135

(2) ◉◉◉◉◉◉◉○○ $7+2=9$ $9-2=7$

(3) ◉◉◉◉○○○ $4+3=7$ $7-3=4$

(4) ◉◉◉◉◉◉○○○ $6+3=9$ $9-3=6$

(5) ◉◉◉○○○○ $3+4=7$ $7-4=3$

(6) ◉◉◉◉◉○○○○ $5+4=9$ $9-4=5$

(7) ◉◉○○○○○ $2+5=7$ $7-5=2$

(8) ◉◉◉◉○○○○○ $4+5=9$ $9-5=4$

(9) ◉○○○○○○ $1+6=7$ $7-6=1$

(10) ◉◉◉○○○○○○ $3+6=9$ $9-6=3$

(11) ◉◉○○○○○○○ $2+7=9$ $9-7=2$

선생님께 보세요 문제 2 구슬 9개를 7개가 되는 덧셈식을 각각 행갈이로 나타내고 덧셈과 뺄셈의 역의 관계를 익힌다.

136

7일차 덧셈과 뺄셈의 관계(2) 그리고 숫자 바꿔 더하기

문제 3 │ 덧셈식으로 나타내고, 주사위 눈을 더한 수가 같은 것끼리 선으로 연결하시오.

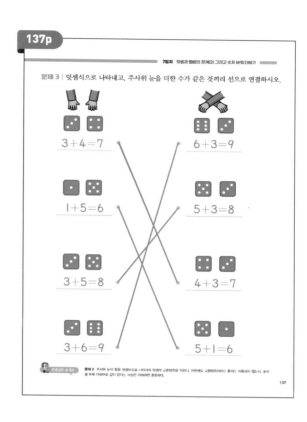

$3+4=7$ $6+3=9$

$1+5=6$ $5+3=8$

$3+5=8$ $4+3=7$

$3+6=9$ $5+1=6$

선생님께 보세요 문제 2 주사위 눈의 합을 덧셈식으로 나타내고 덧셈의 교환법칙을 익힌다. 아직까지 교환법칙이라는 용어는 사용하지 않는다. 숫자를 바꿔 더하여도 값이 같다는 사실은 어려워도 충분하다.

137

7일차 덧셈과 뺄셈의 관계(2) 그리고 숫자 바꿔 더하기

문제 4 │ 덧셈식으로 나타내고, 구슬을 더한 수가 같은 것끼리 선으로 연결하시오.

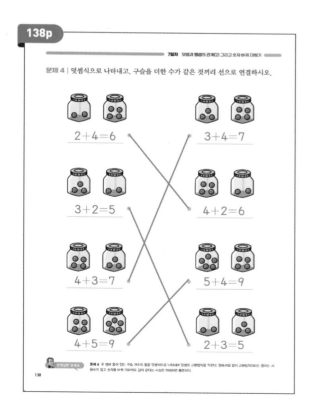

$2+4=6$ $3+4=7$

$3+2=5$ $4+2=6$

$4+3=7$ $5+4=9$

$4+5=9$ $2+3=5$

선생님께 보세요 문제 4 두 병에 들어 있는 구슬 개수의 합을 덧셈식으로 나타내고 덧셈의 교환법칙을 익힌다. 덧셈에서와 같이 교환법칙이라는 용어는 사용하지 않고 숫자를 바꿔 더하여도 값이 같다는 사실만이 충분하다.

138

8 일차 **한자리수의 덧셈과 뺄셈 연습 (1)**

✏ 공부한 날짜   월   일

문제 1 │ 보기와 같이 ☐ 안에 알맞은 수를 넣으시오.

보기

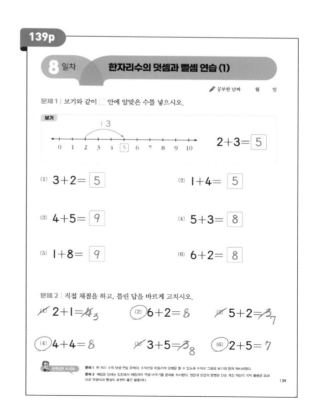

$2+3=$ ☐5☐

(1) $3+2=$ ☐5☐   (2) $1+4=$ ☐5☐

(3) $4+5=$ ☐9☐   (4) $5+3=$ ☐8☐

(5) $1+8=$ ☐9☐   (6) $6+2=$ ☐8☐

문제 2 │ 직접 채점을 하고, 틀린 답을 바르게 고치시오.

✓ $2+1=$ ~~4~~ 3   (2)◯ $6+2=8$ ✗ $5+2=$ ~~3~~ 7

(4)◯ $4+4=8$ ✗ $3+5=$ ~~3~~ 8   (6)◯ $2+5=7$

선생님께 보세요 문제 1 한 자리 수의 덧셈 연습 문제이다. 수직선의 덧셈을 할 수 있도록 수직선 그림을 보기와 함께 제시하였다.
문제 2 채점을 담하는 입장에서 채점하면서 역발 바꾸기를 문제로 제시했다. 첨감과 모양의 판별은 단순 계산 이상의 지적 활동이 모래이로 덧셈식의 뺄셈과 표현이 좋은 활동이다.

139

➕ 정답 ➗

=========== 8일차 한 자리수의 덧셈과 뺄셈 연습 (1) ===========

문제 3 | 보기와 같이 □ 안에 알맞은 수를 넣으시오.

보기

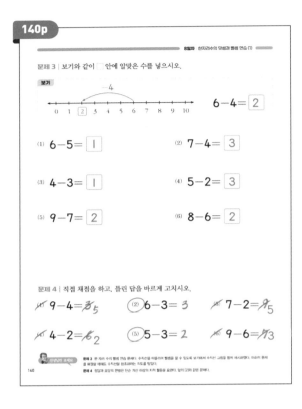

$6-4=\boxed{2}$

(1) $6-5=\boxed{1}$　　(2) $7-4=\boxed{3}$

(3) $4-3=\boxed{1}$　　(4) $5-2=\boxed{3}$

(5) $9-7=\boxed{2}$　　(6) $8-6=\boxed{2}$

문제 4 | 직접 채점을 하고, 틀린 답을 바르게 고치시오.

✗ $9-4=\cancel{3}\,5$　　② $6-3=3$　　✗ $7-2=\cancel{7}\,5$

✗ $4-2=\cancel{6}\,2$　　⑤ $5-3=2$　　✗ $9-6=\cancel{13}\,3$

👨‍🏫 선생님의 보세요 　문제 3 한 자리수의 뺄셈 연습 문제1. 수직선을 이용하여 뺄셈을 할 수 있도록 보기에서 수직선 그림을 함께 제시하였다. 이후의 문제 은 유형별 예제도 수직선을 참조하여는 지도를 한다.
문제 4 정답과 판별은 단순 계산 이상의 지적 활동을 요한다. 앞의 [2]와 같은 문제다.

📍일차　**한 자리수의 덧셈과 뺄셈 연습(2)**

✏️ 공부한 날짜　　월　　일

문제 1 | 다음을 계산하시오.

(1) $7+2=\boxed{9}$　　(2) $4+4=\boxed{8}$

(3) $2+5=\boxed{7}$　　(4) $8+1=\boxed{9}$

(5) $3+3=\boxed{6}$　　(6) $5+4=\boxed{9}$

(7) $1+6=\boxed{7}$　　(8) $3+4=\boxed{7}$

(9) $6+3=\boxed{9}$　　(10) $2+2=\boxed{4}$

문제 2 | 직접 채점을 하고, 틀린 답을 바르게 고치시오.

✗ $3+4=\cancel{6}\,7$　　② $4+5=9$　　✗ $5+2=\cancel{3}\,7$

④ $2+5=7$　　⑤ $1+2=3$　　✗ $4+5=\cancel{8}\,9$

👨‍🏫 선생님의 보세요 　문제 1 한 자리 수의 덧셈 연습 문제2.
문제 2 스스로 채점하여 학습을 쉬어 덧셈을 연습한다. 정답의 오답의 판별은 단순 계산 이상의 지적 활동을 요한다.

✗ $6+3=\cancel{6}\,9$　　✗ $5+4=\cancel{4}\,9$　　(9) $5+2=7$

✗ $4+2=\cancel{2}\,6$　　(11) $1+1=2$　　✗ $8+1=\cancel{8}\,9$

문제 3 | 보기와 같이 덧셈을 하시오.

보기

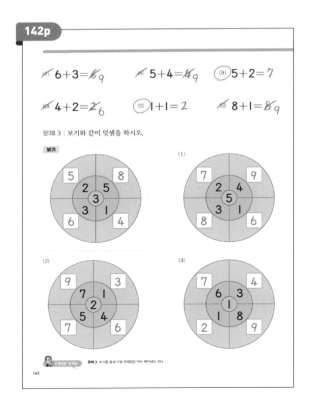

👨‍🏫 선생님의 보세요 　문제 3 보기를 통해 앞의 문제임을 먼저 확인하여 준다.

=========== 9일차 한 자리수의 덧셈과 뺄셈 연습(2) ===========

(4)　　　　　　　(5)

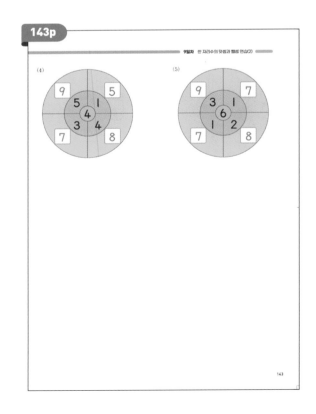

---

10 일차 한 자리수의 덧셈과 뺄셈 연습(3)

✏ 공부한 날짜   월   일

문제 1 | 다음을 계산하시오.

(1) $7-2=\boxed{5}$

(2) $8-3=\boxed{5}$

(3) $4-1=\boxed{3}$

(4) $6-2=\boxed{4}$

(5) $8-5=\boxed{3}$

(6) $5-4=\boxed{1}$

(7) $9-2=\boxed{7}$

(8) $6-3=\boxed{3}$

(9) $5-1=\boxed{4}$

(10) $9-5=\boxed{4}$

문제 2 | 직접 채점을 하고, 틀린 답을 바르게 고치시오.

$4-3=\not{2}\,_1$ (2) $5-2=3$ $9-2=\not{8}\,_7$

(4) $9-1=8$ (5) $4-2=2$ $6-1=\not{7}\,_5$

문제 1 한 자리 수의 뺄셈 연습 문제다.
문제 2 스스로 채점하여 연산을 다시 뺄셈을 연습한다.

144

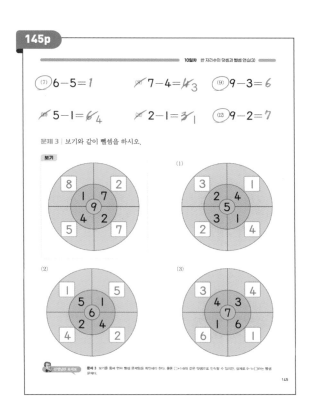

(7) $6-5=1$ $7-4=\not{4}\,3$ (9) $9-3=6$

(10) $5-1=\not{6}\,4$ (11) $2-1=\not{3}\,1$ (12) $9-2=7$

문제 3 | 보기와 같이 뺄셈을 하시오.

문제 3 보기를 통해 먼저 뺄셈 문제임을 확인해야 한다. 물론 □+5의 같은 덧셈으로 인식할 수 있지만, 실제로 9-1=□라는 뺄셈 문제다.

145

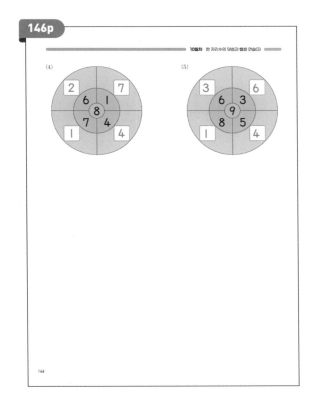

(4)   (5)

146

11 일차 10 만들기 (1)

✏ 공부한 날짜   월   일

문제 1 | 더해서 10이 되도록 카드를 연결하시오.

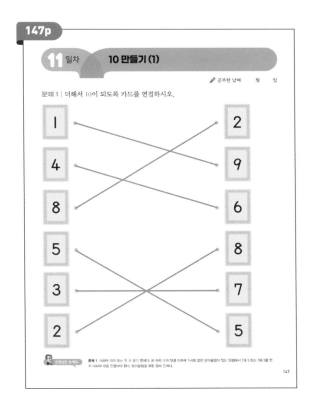

문제 1 (내용이 100) 되는 두 수 찾기 문제다. 한 자리 수의 덧셈 이후에 수의 덧셈을 익혀서 7+5와 같은 받아올림이 있는 덧셈에서 7과 3 또는 5와 5를 만나서 더해서 10을 만들어야 한다. 받아올림을 위한 준비 단계다.

147

➕ 정답 ➗

문제 2 | 보기와 같이 10이 되는 덧셈식으로 나타내시오.

보기

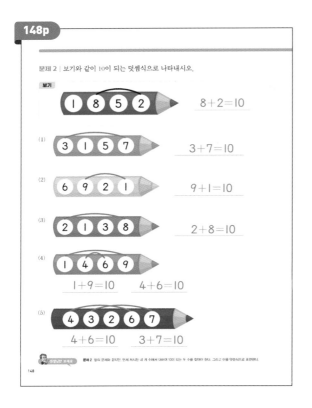

$8+2=10$

(1) $3+7=10$

(2) $9+1=10$

(3) $2+8=10$

(4) $1+9=10$ $4+6=10$

(5) $4+6=10$ $3+7=10$

문제 2 앞의 문제와 같지만, 먼저 제시된 네 개 수에서 더해서 10이 되는 두 수를 찾아야 한다. 그리고 이를 덧셈식으로 표현한다.

148

11일차 10 만들기 (1)

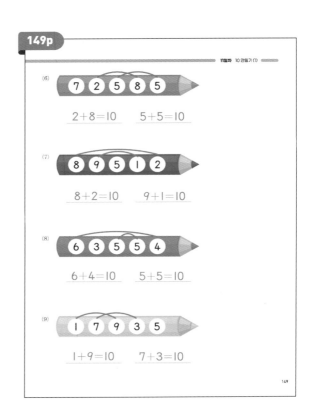

(6) $2+8=10$ $5+5=10$

(7) $8+2=10$ $9+1=10$

(8) $6+4=10$ $5+5=10$

(9) $1+9=10$ $7+3=10$

149

12 일차 10 만들기 (2)

🖉 공부한 날짜   월   일

문제 1 | 더해서 10이 되도록 카드를 연결하시오.

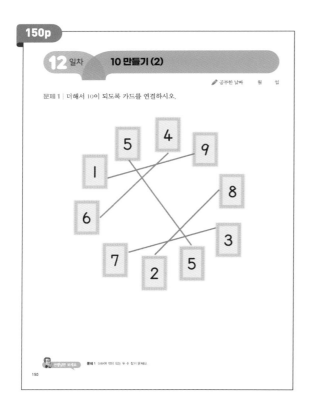

문제 1 더하여 10이 되는 두 수 찾기 문제다.

150

12일차 10 만들기 (2)

문제 2 | 보기와 같이 10이 되는 덧셈식으로 나타내시오.

보기

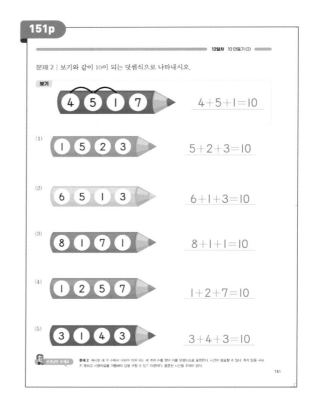

$4+5+1=10$

(1) $5+2+3=10$

(2) $6+1+3=10$

(3) $8+1+1=10$

(4) $1+2+7=10$

(5) $3+4+3=10$

문제 2 제시당 네 개 수에서 더해서 10이 되는, 세 개의 수를 찾아 이를 덧셈식으로 표현한다. 시간이 필요할 수 있지, 즉각 답을 구하지 못하고 시행착오를 거듭해야 답을 구할 수 있기 때문이다. 충분한 시간을 주어야 한다.

151

문제 3 | 보기와 같이 둘 또는 세 개의 수를 더하여 10이 되는 덧셈식으로 나타내시오.

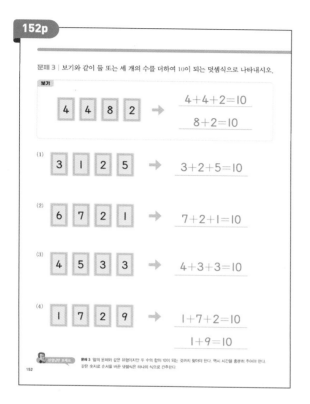

보기

4 4 8 2 → 4+4+2=10
8+2=10

(1) 3 1 2 5 → 3+2+5=10

(2) 6 7 2 1 → 7+2+1=10

(3) 4 5 3 3 → 4+3+3=10

(4) 1 7 2 9 → 1+7+2=10
1+9=10

문제 3 앞의 문제와 같은 유형이지만 두 수의 합이 10이 되는 것까지 찾아야 한다. 역시 시간을 충분히 주어야 한다. 같은 숫자로 순서를 바꾼 덧셈식은 하나의 식으로 간주한다.

152

12일차 | 10 만들기 (2)

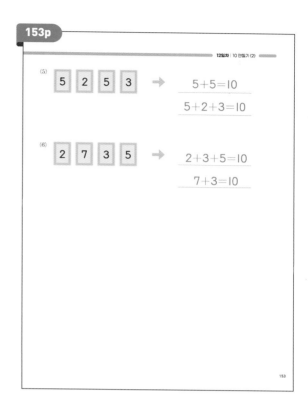

(5) 5 2 5 3 → 5+5=10
5+2+3=10

(6) 2 7 3 5 → 2+3+5=10
7+3=10

153

보충문제

문제 1 | 보기와 같이 □ 안에 알맞은 수 또는 기호를 넣으시오.

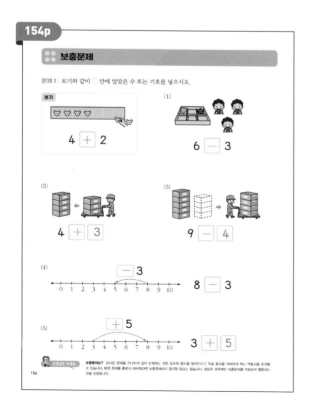

보기

4 + 2

(1) 6 - 3

(2) 4 + 3

(3) 9 - 4

(4) - 3   8 - 3

(5) + 5   3 + 5

보충문제란? 유사한 문제를 지나치게 많이 반복하는 것은 오히려 흥미를 떨어뜨리고 학습 효과를 저해하게 하는 역효과를 초래할 수 있습니다. 본문 문제를 충분히 이해했다면 보충문제까지 풀이 필요는 없습니다. 필요한 경우에만 보충문제를 적절하게 활용하는 것을 권장합니다.

154

3 덧셈식과 뺄셈식

문제 2 | 빈칸에 알맞은 숫자나 기호를 넣으시오.

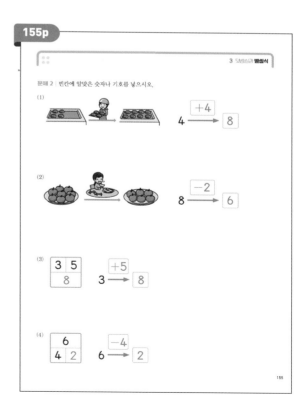

(1) 4 →(+4)→ 8

(2) 8 →(-2)→ 6

(3) 3 5 / 8   3 →(+5)→ 8

(4) 6 / 4 2   6 →(-4)→ 2

155

156p

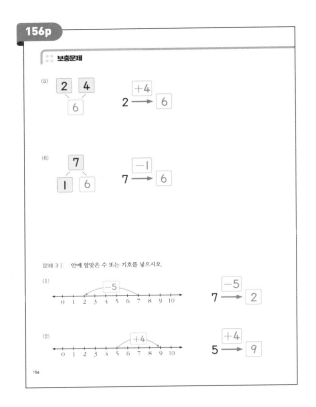

157p

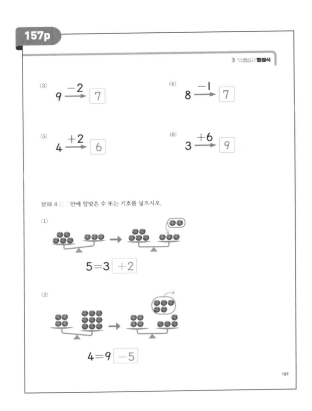

158p

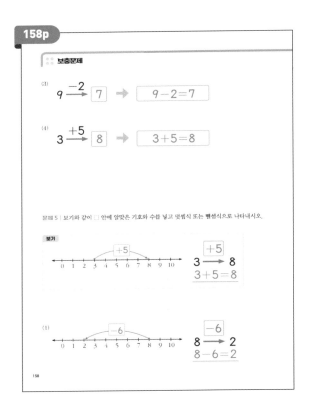

159p

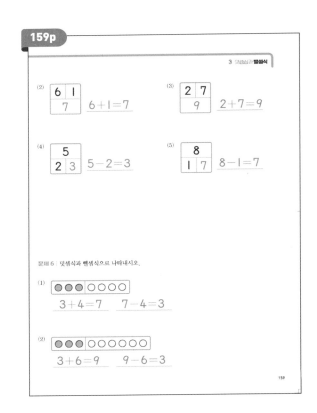

보충문제

(3)

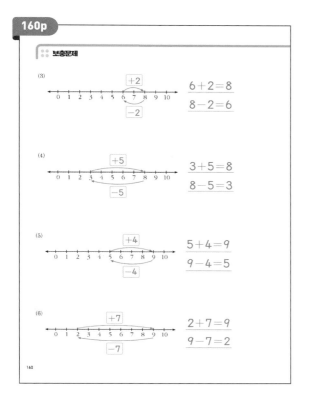

$6+2=8$
$8-2=6$

(4)

$3+5=8$
$8-5=3$

(5)

$5+4=9$
$9-4=5$

(6)

$2+7=9$
$9-7=2$

160

문제 7 | 덧셈식을 써넣고 주사위 눈을 더한 수가 같은 것끼리 선으로 연결하시오.

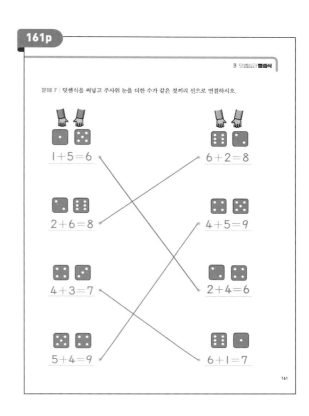

$1+5=6$

$6+2=8$

$2+6=8$

$4+5=9$

$4+3=7$

$2+4=6$

$5+4=9$

$6+1=7$

161

보충문제

문제 8 | 다음을 계산하시오.

(1) $2+3=\boxed{5}$ (2) $3+3=\boxed{6}$

(3) $5-1=\boxed{4}$ (4) $7-2=\boxed{5}$

문제 9 | 직접 채점을 하고, 틀린 답을 바르게 고치시오.

$4+3=\cancel{8}\,_7$ (2) $2+4=6$

$9-3=\cancel{5}\,_6$ $8-4=\cancel{2}\,_4$

162

문제 10 | 보기와 같이 덧셈을 하시오.

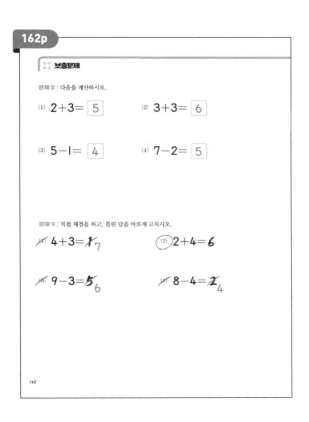

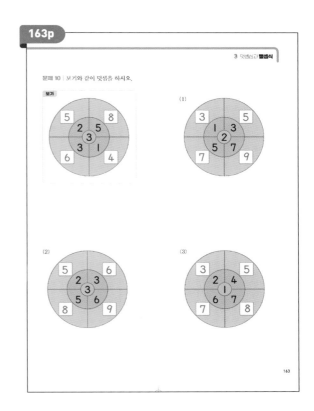

163

➕ 정답 ➗

보충문제

문제 11 | 직접 채점을 하고, 틀린 답을 바르게 고치시오.

(1) 2+3=~~7~~ 5

(2) 3+4= **7**

(3) 5+2= **7**

(4) 5-3=~~1~~ 2

(5) 7-4= **3**

(6) 6-1= **5**

문제 12 | 10을 만드는 덧셈식 두 개를 써넣으시오.

(1)

2 3 4 7 8

2+8=10　　3+7=10

(2)

9 5 4 1 6

9+1=10　　4+6=10　　5+4+1=10

164

3 덧셈식과 뺄셈식

(3)

3 8 4 2 7

3+7=10　　8+2=10

주의 답이 여럿 나올 수 있다.

문제 13 | 두 개 또는 세 개의 수를 더하여 10을 만드는 덧셈식을 모두 써넣으시오.

(1)

2 3 7 5 →

3+7=10
2+3+5=10

(2)

9 5 4 1 →

9+1=10
5+4+1=10

(3)

3 4 3 6 →

4+6=10
3+4+3=10

165

무엇이든
물어보세요!

박영훈 선생님께 질문이 있다면 메일을 보내주세요.
slowmathpark@gmail.com

박영훈의 느린수학 시리즈 출간 소식이 궁금하다면,
*slowmathpark@gmail.com*로
이름/연락처를 보내주세요.

연락처를 보내주신 분들은 문자 또는 SNS,
이메일을 통한 소식받기에 동의한 것으로 간주하며,
<박영훈의 느린 수학>의 새로운 소식을 보내드립니다!